一 个 人 的 小 时 光

100 Cupcakes à colorier

[法] 安妮—玛戈·拉姆斯坦因
Anne-Margot Ramstein

绘

吴家鹏

译

图书在版编目（CIP）数据

一个人的小时光：100个纸杯蛋糕填色减压 /（法）拉姆斯坦因绘；吴家鹏译. -- 长沙：湖南文艺出版社，
2015.6
ISBN 978-7-5404-7147-7

Ⅰ.①一… Ⅱ.①拉… ②吴… Ⅲ.①心理压力－心理调节－绘画－工娱疗法－通俗读物 Ⅳ.①B842.6-49

中国版本图书馆CIP数据核字（2015）第076781号

著作权合同登记号：图字：18-2015-053
100 Cupcakes à colorier Copyright © Hachette-Livre (Hachette Pratique) 2013.

上架建议：心理·减压

一个人的小时光：100个纸杯蛋糕填色减压

· ·

作　　者：［法］安妮-玛戈·拉姆斯坦因（Anne-Margot Ramstein）
译　　者：吴家鹏
出 版 人：刘清华
责任编辑：薛　健　刘诗哲 .
监　　制：蔡明菲　潘　良
特约策划：张小雨
特约编辑：田　宇
版权支持：文赛峰
装帧设计：李　洁
出版发行：湖南文艺出版社
　　　　　（长沙市雨花区东二环一段 508 号　邮编：410014）
网　　址：www.hnwy.net
印　　刷：北京天宇万达印刷有限公司
经　　销：新华书店
开　　本：787mm×1092mm　1/16
字　　数：96千字
印　　张：7.25
版　　次：2015 年 6 月第 1 版
印　　次：2015 年 6 月第 1 次印刷
书　　号：ISBN 978-7-5404-7147-7
定　　价：45.00 元

· ·

目录
★ Contents ★

一 个 人 的 小 时 光

1

1

·纸杯蛋糕·
·小松饼·
·马卡龙·

Cupcakes · Muffins · Macarons

一 个 人 的 小 时 光

一 个 人 的 小 时 光

基本配色

色相配色

- 同一色相配色
- 邻接色相配色
- 补色色相配色

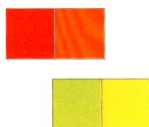

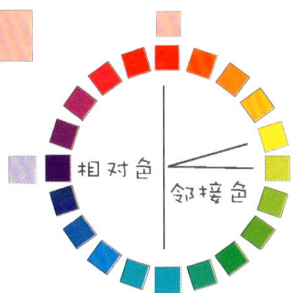

相对色

邻接色

明度配色

- 同一明度配色
- 邻接明度配色
- 对照明度配色

明度
相同

彩度配色

- 同一彩度配色
- 邻接彩度配色
- 对照彩度配色

填色时用笔顺着同一个方向，颜色表现均匀

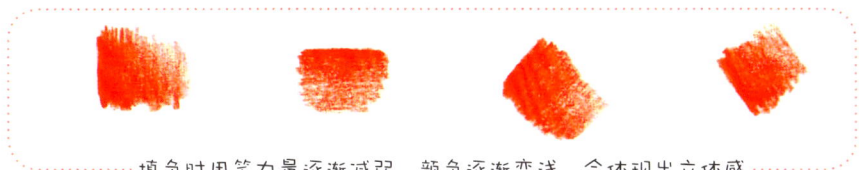

填色时用笔力量逐渐减弱，颜色逐渐变浅，会体现出立体感

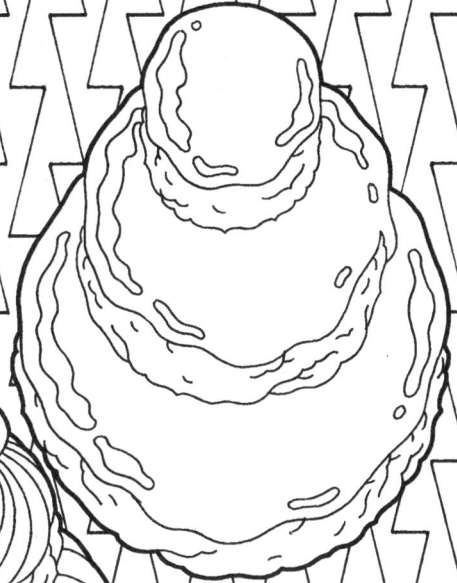

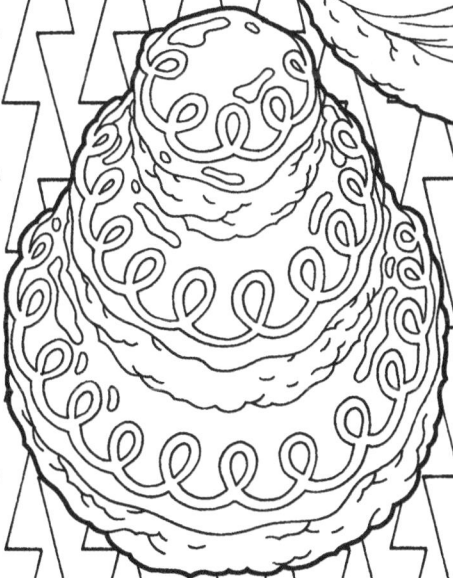

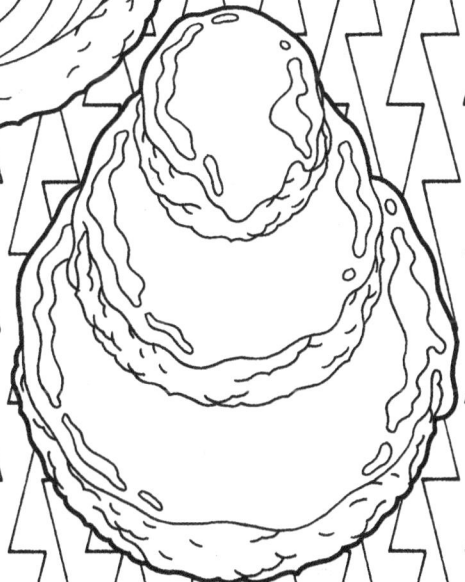

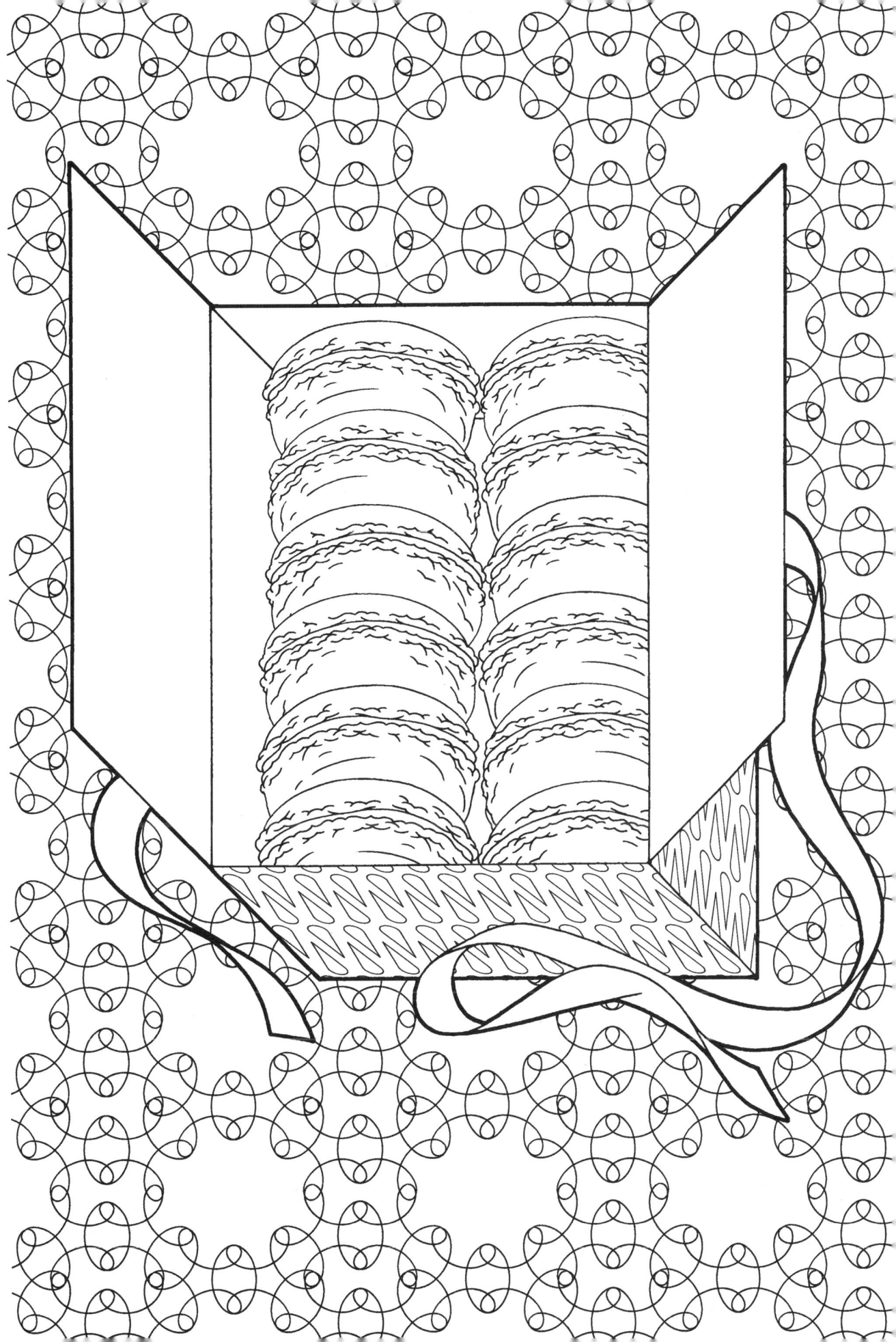

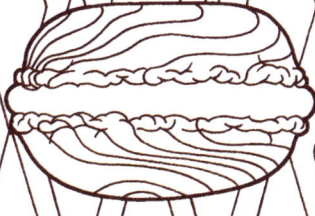

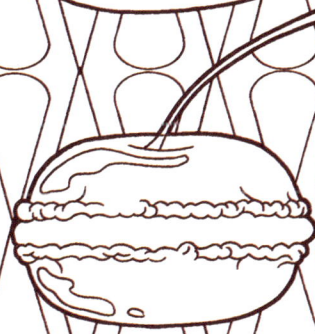

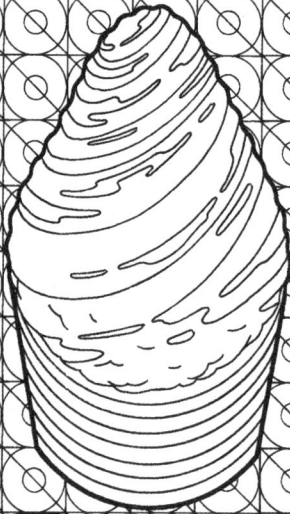

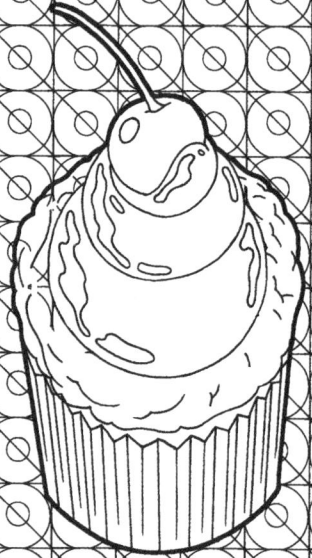

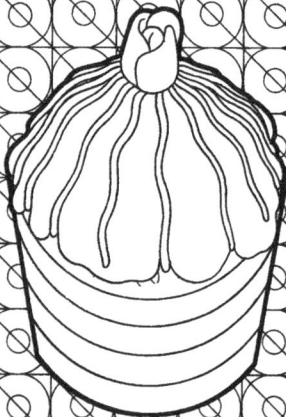

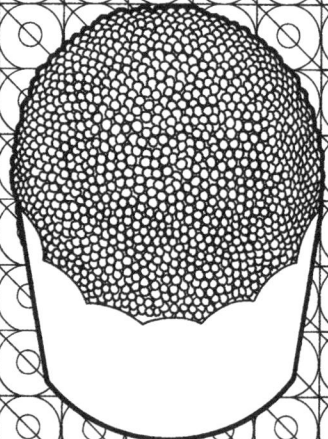

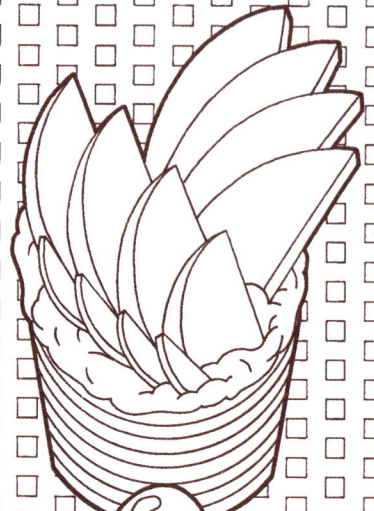

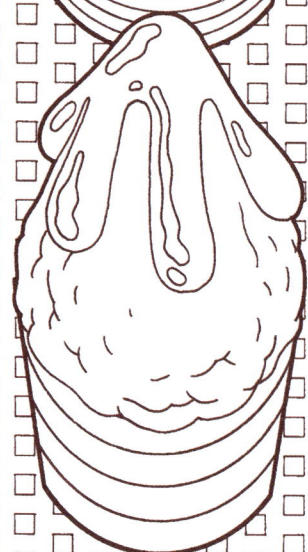

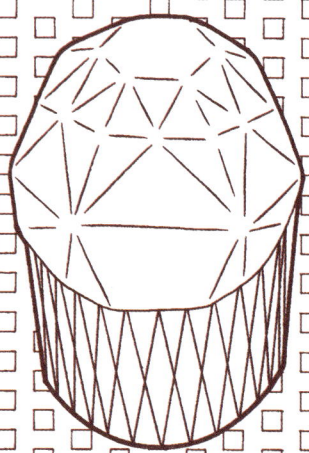

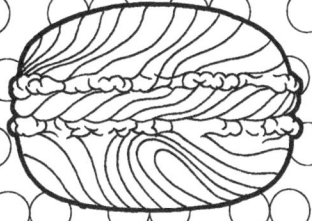

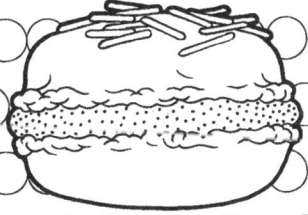

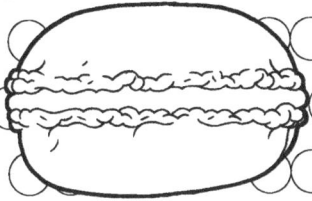

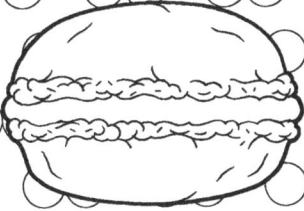

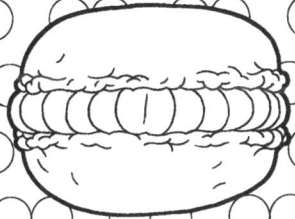

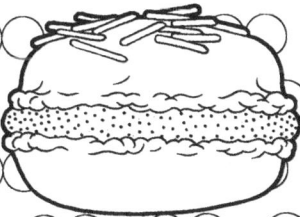

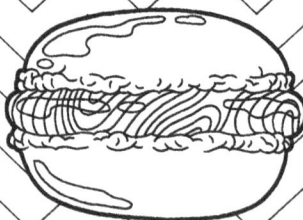

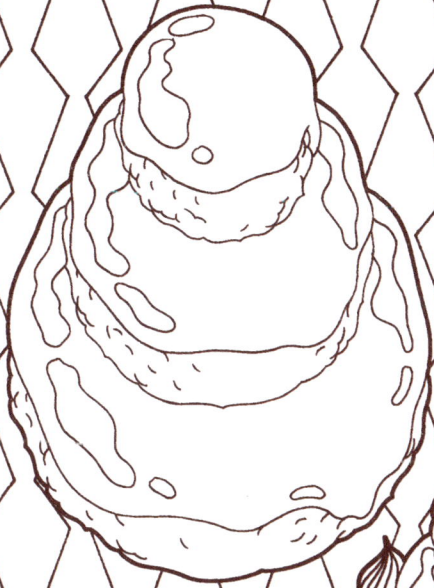

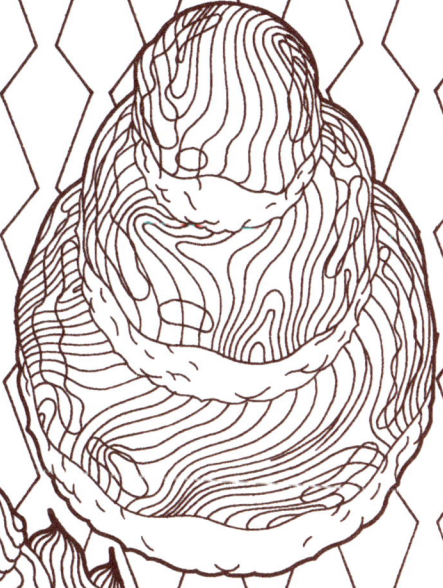

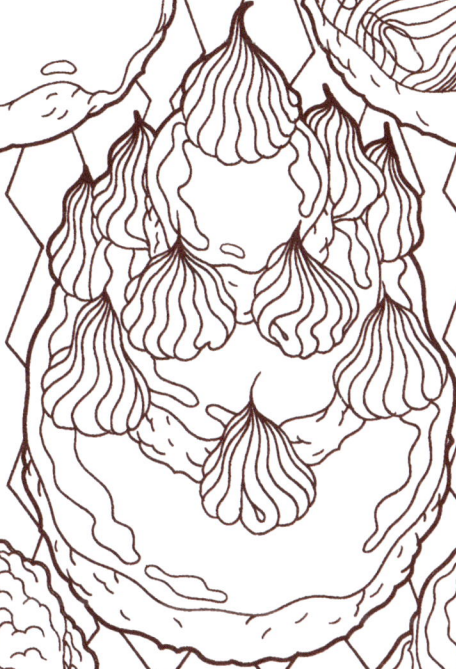

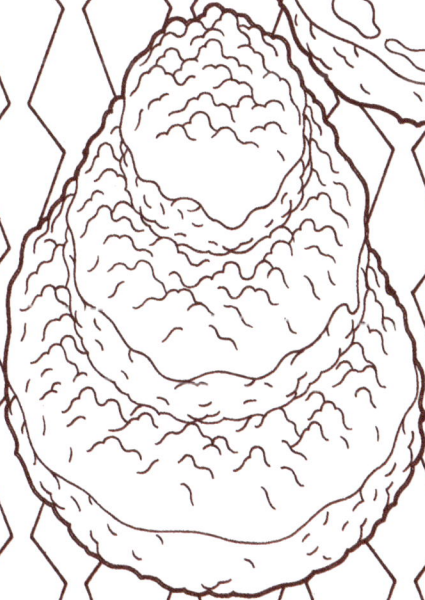

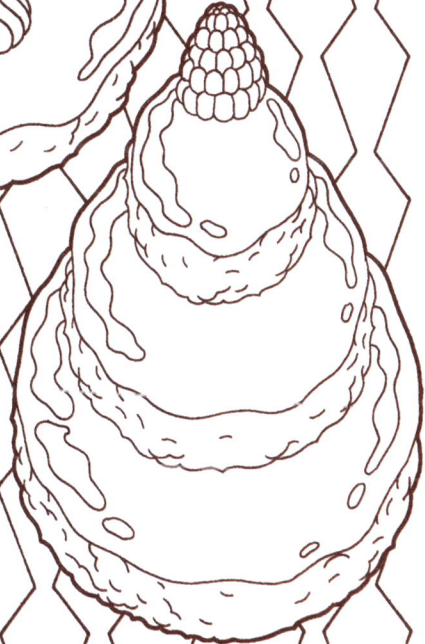

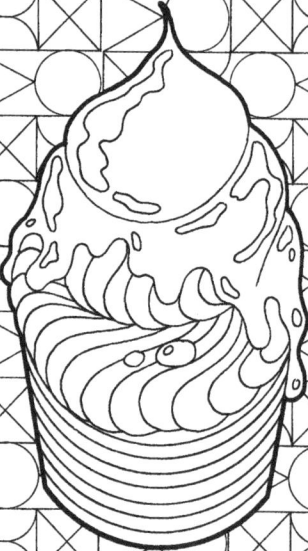

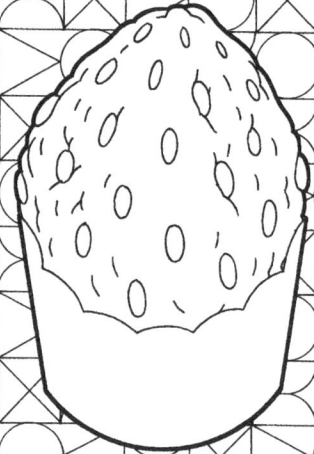

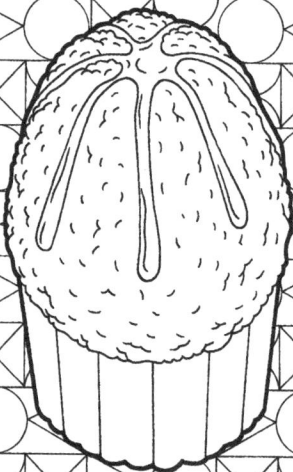

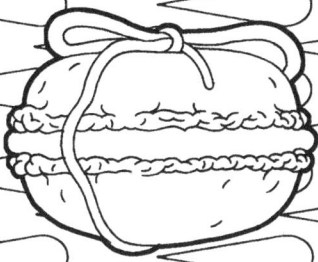

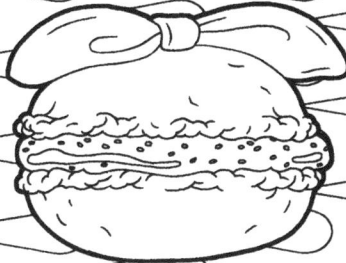

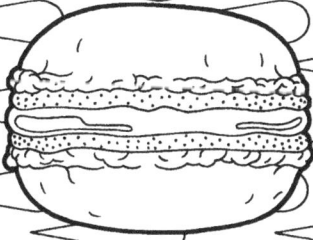

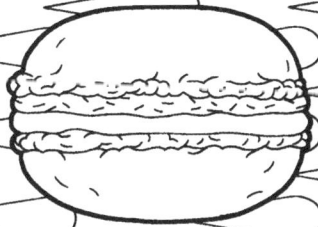

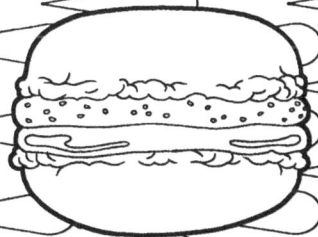

2

·婚礼蛋糕·
Wedding cakes

一个人的小时光

一 个 人 的 小 时 光

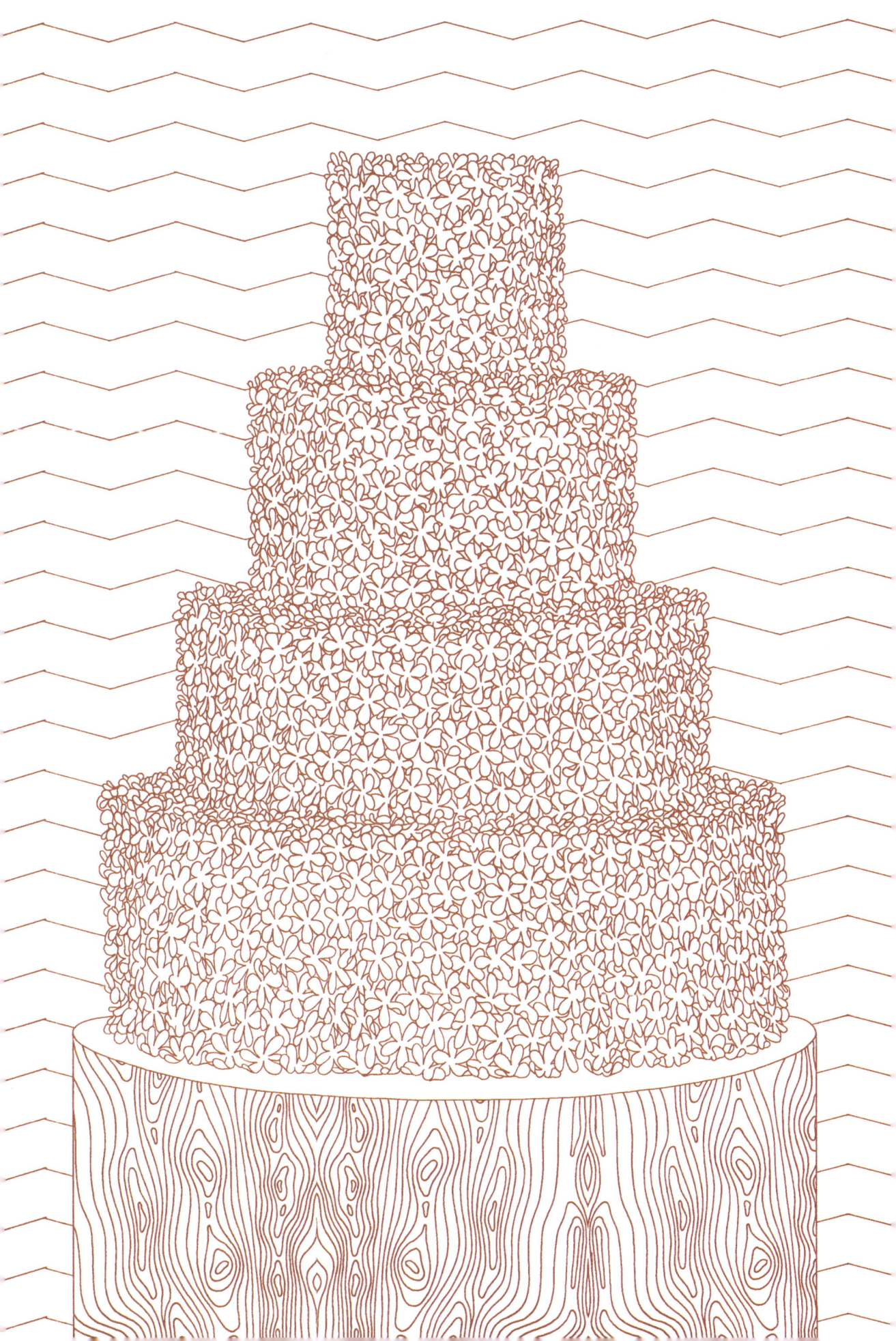

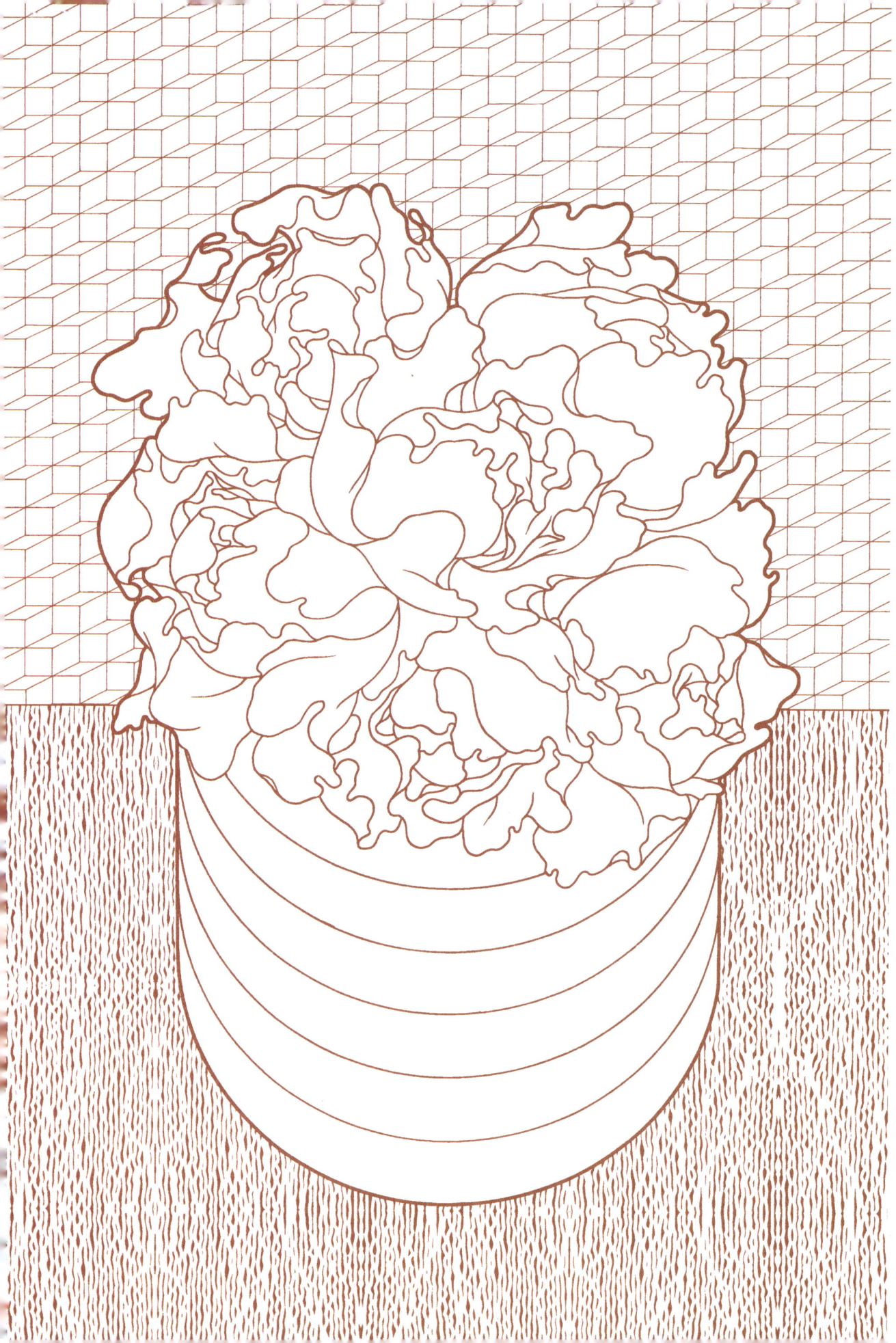

3

· 疯狂的蛋糕 ·
Crazy cakes

一个人的小时光

一 个 人 的 小 时 光

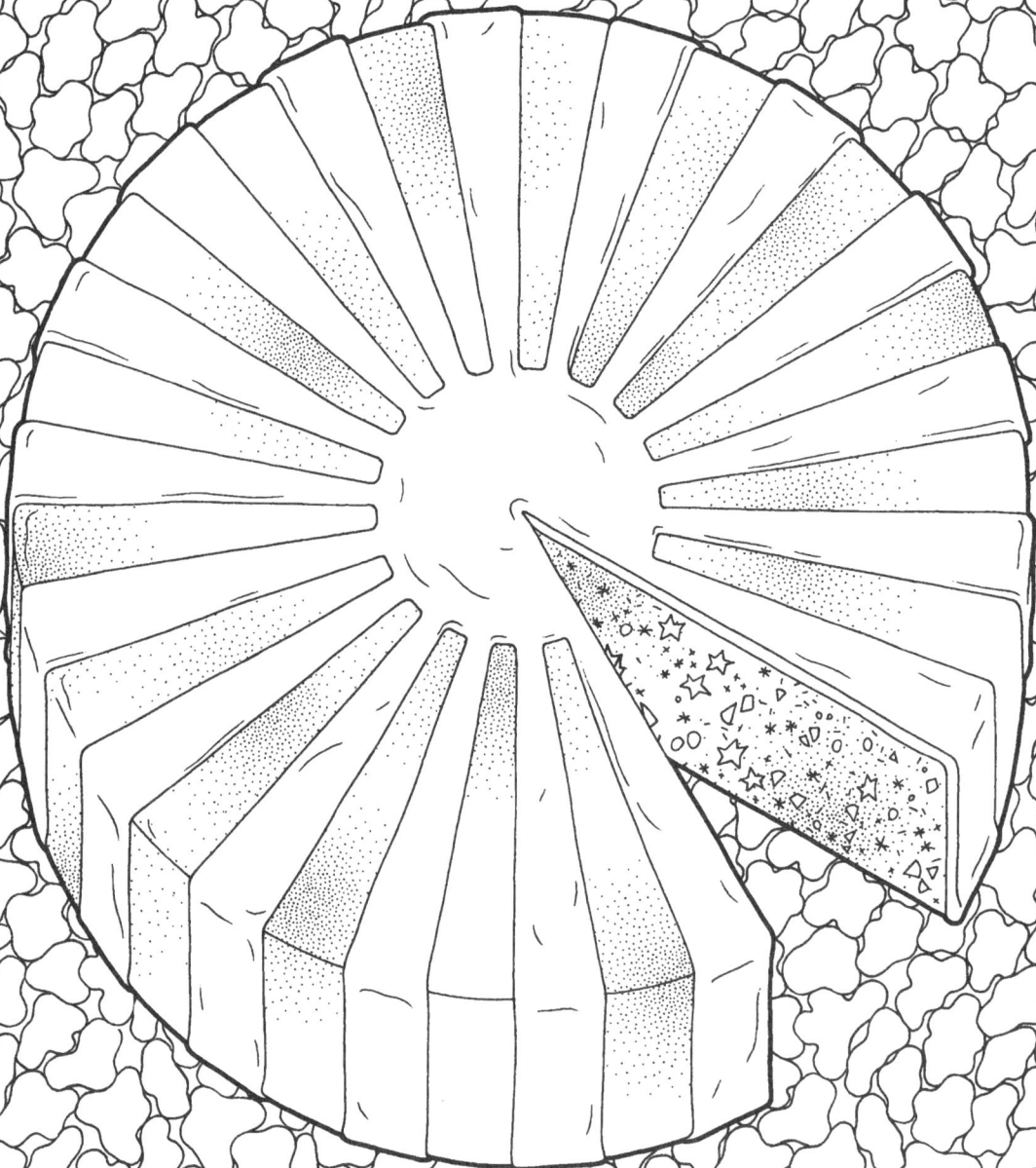

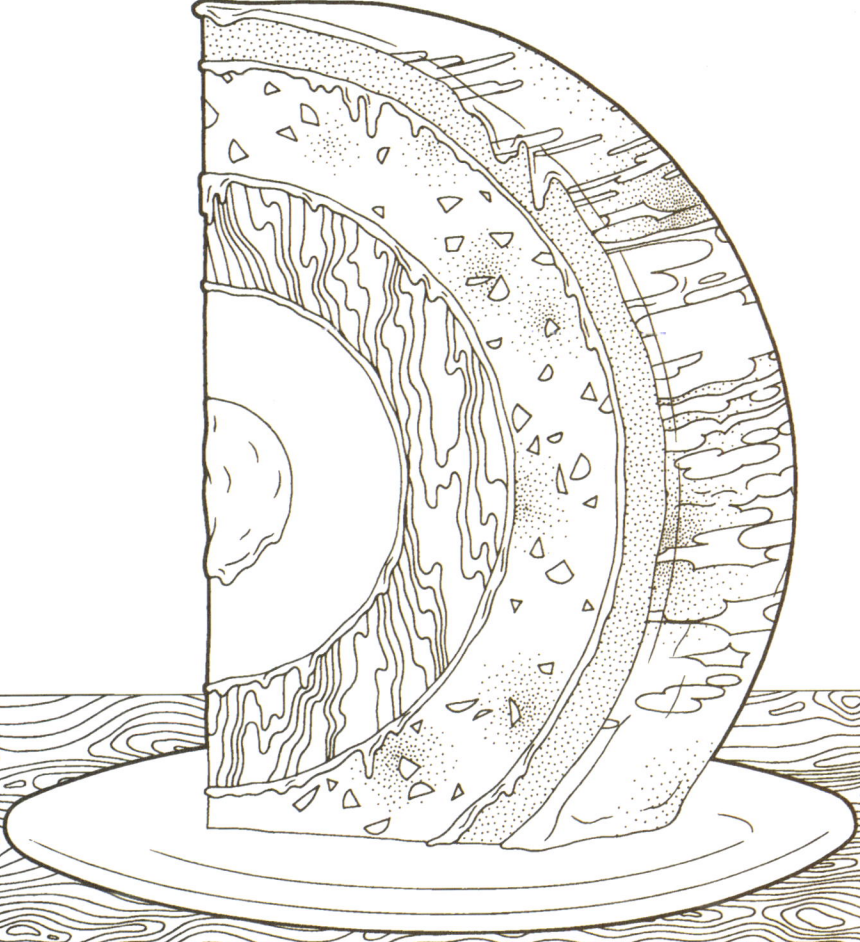

4

· 花色小蛋糕 ·
Friandises

· · · · ·   ∞∞   · · · · ·

一 个 人 的 小 时 光

一 个 人 的 小 时 光

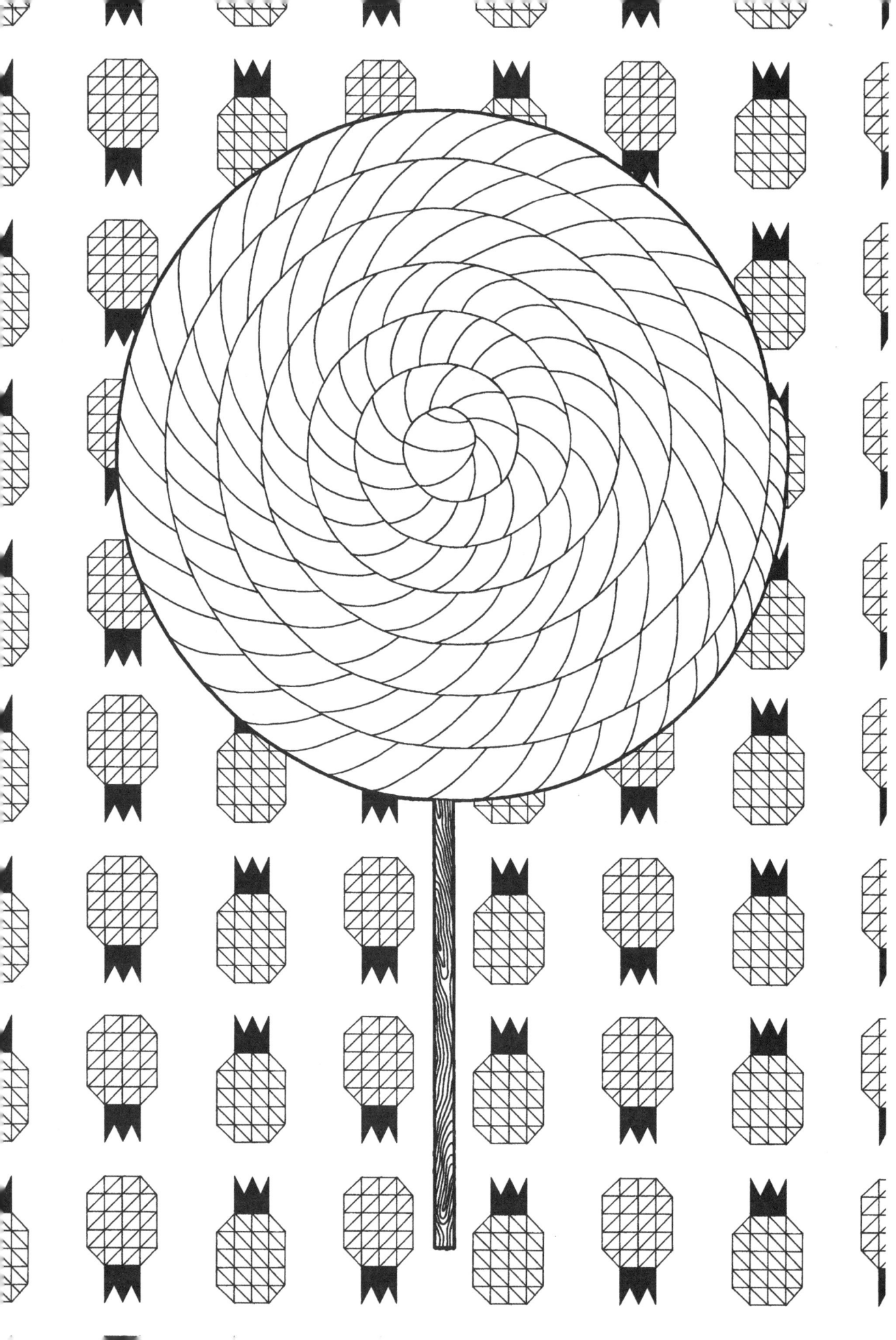

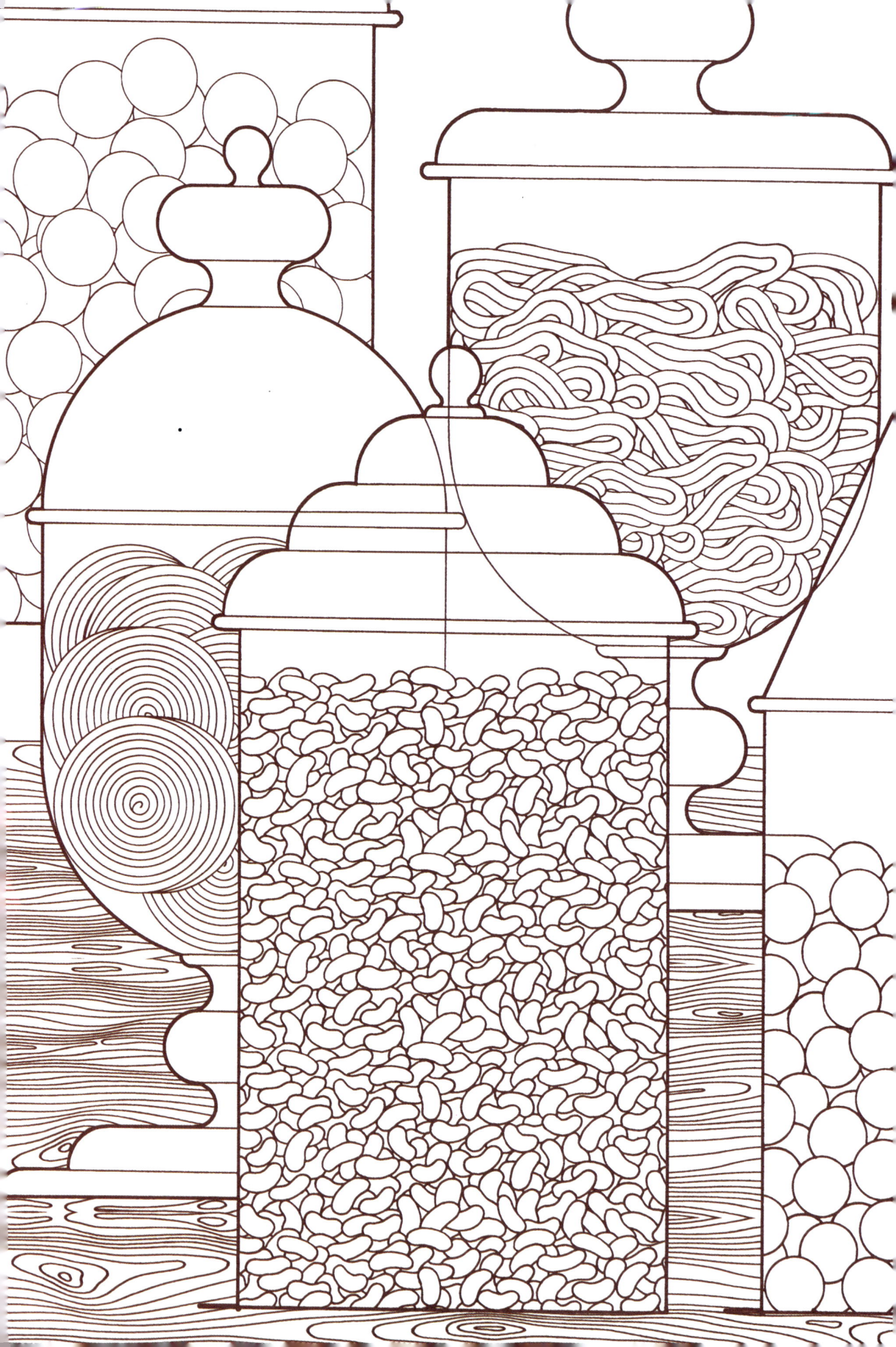

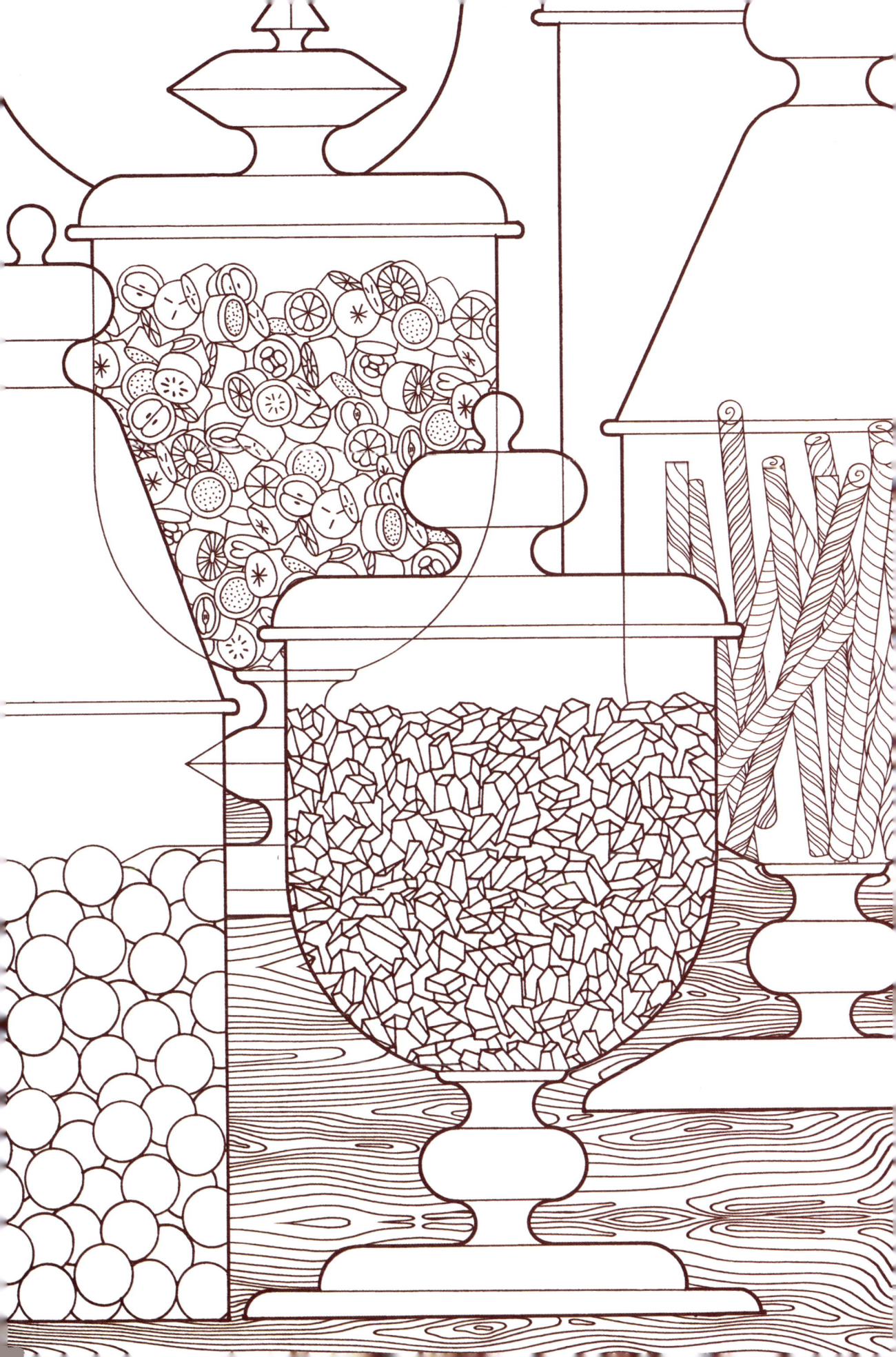

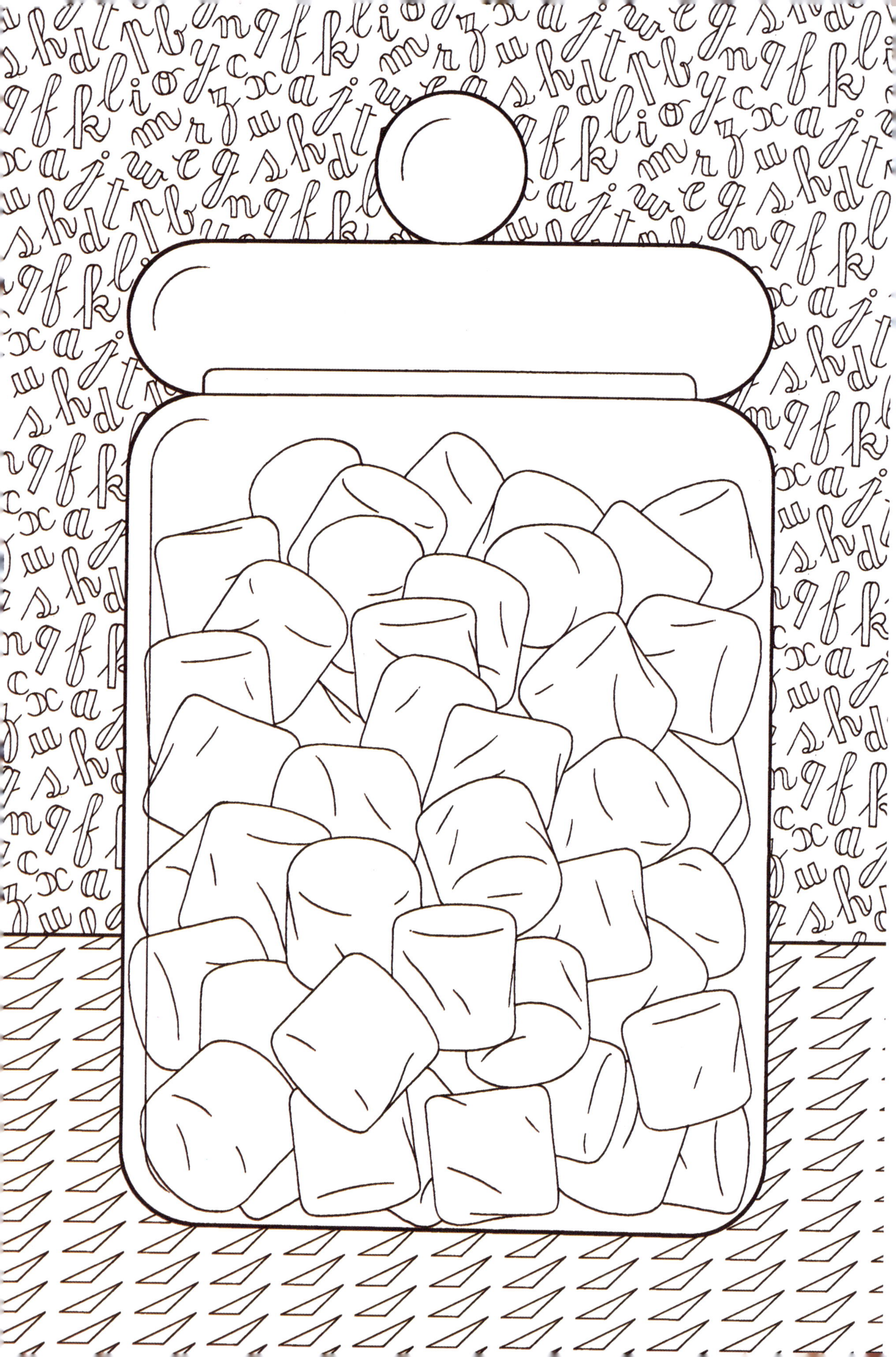

5

·甜蜜的餐桌·
Sweet tables

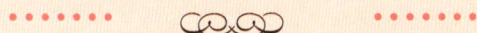

一个人的小时光

一 个 人 的 小 时 光

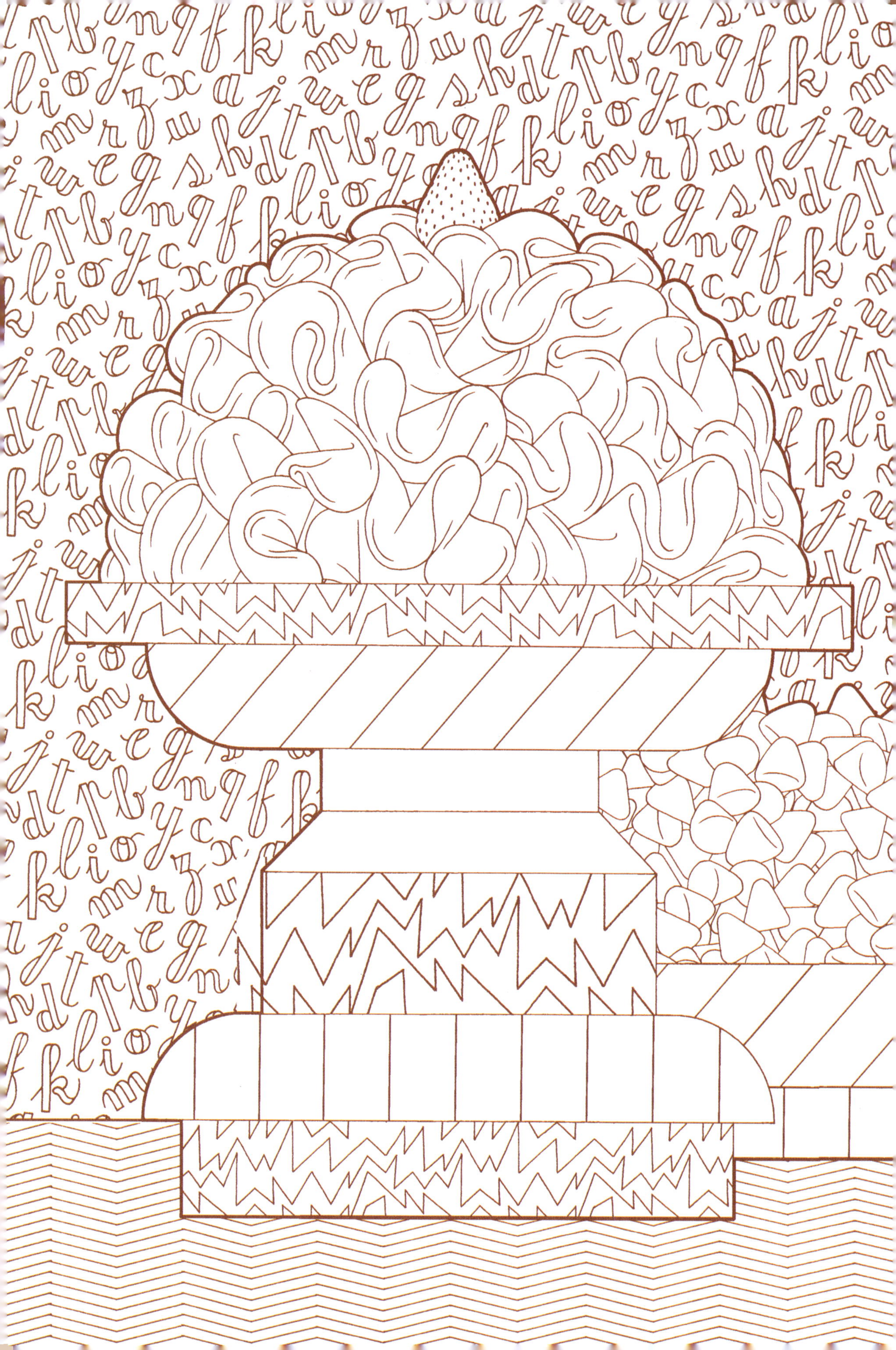

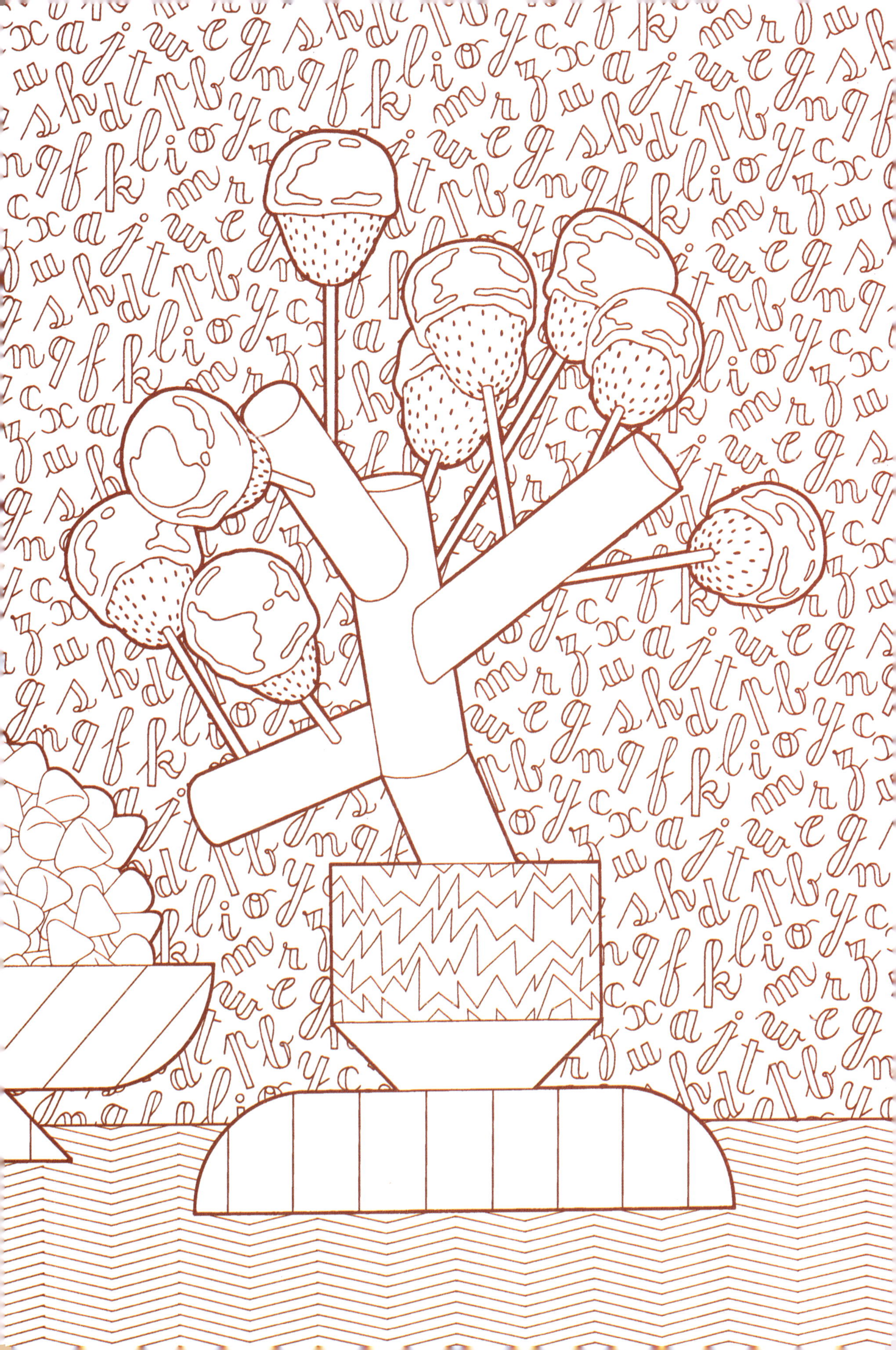

6

·蛋糕上的小装饰·
Make the cakes
more beautiful

下面的图片不仅需要你来填色，还需要你自己动手剪裁、折纸，
制作出漂亮的蛋糕上的小装饰！

用小旗做装饰

1.上色

2.沿着虚线把图案剪下来

3.将一面贴于另一面

4.距边缘1.5厘米处打两个洞

5.将细绳穿过洞，绳子在装饰的前面

6.继续其他装饰

7.把绳子拉紧，用绳子固定在蛋糕或糖果的上面

制作甜品装饰

1.上色

2.沿着虚线把图案剪下来

3.背面插一根牙签，位于中心，用胶水粘牢

4.将这些装饰物插在你的松饼和纸杯蛋糕上

一 个 人 的 小 时 光

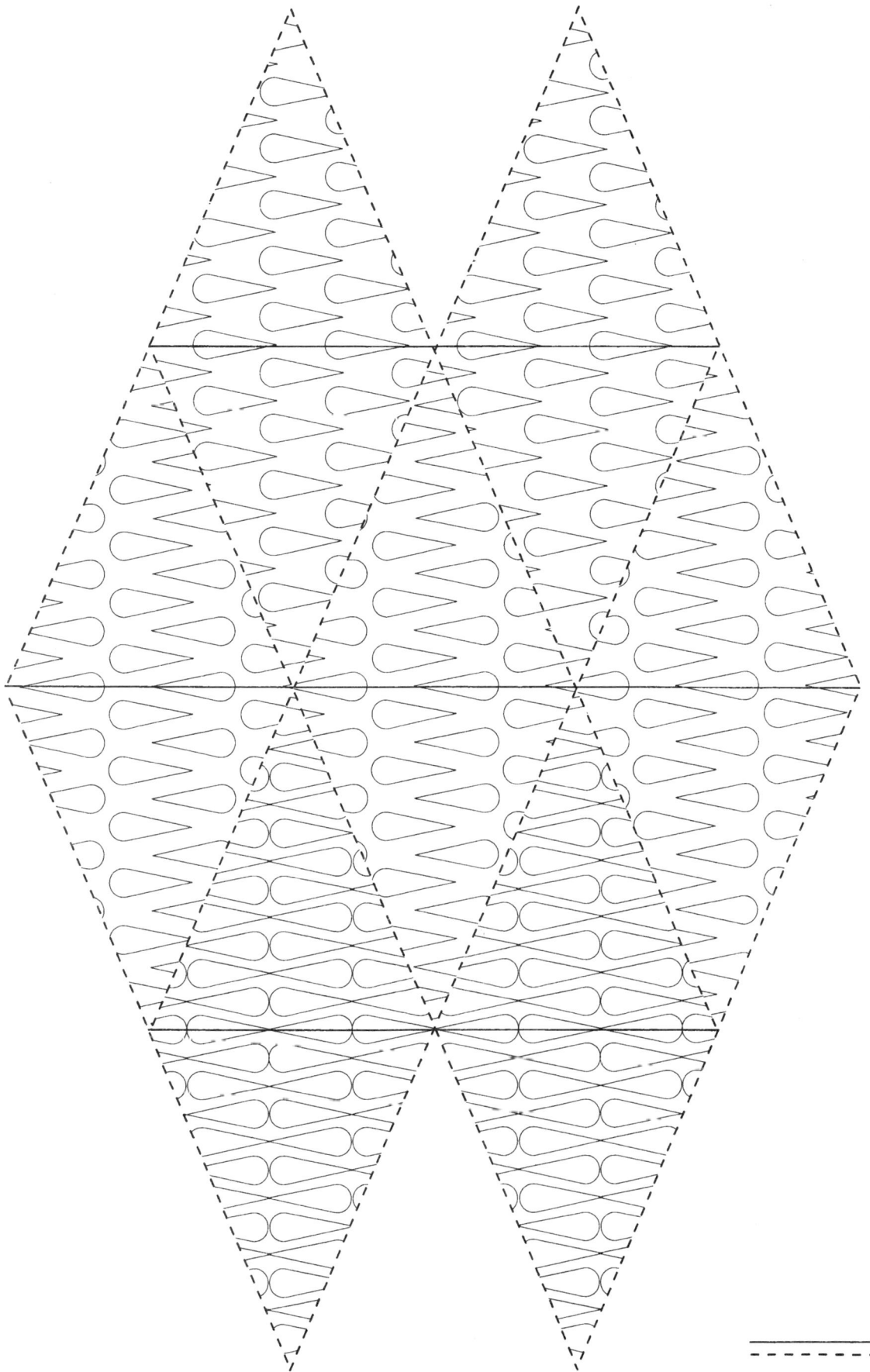

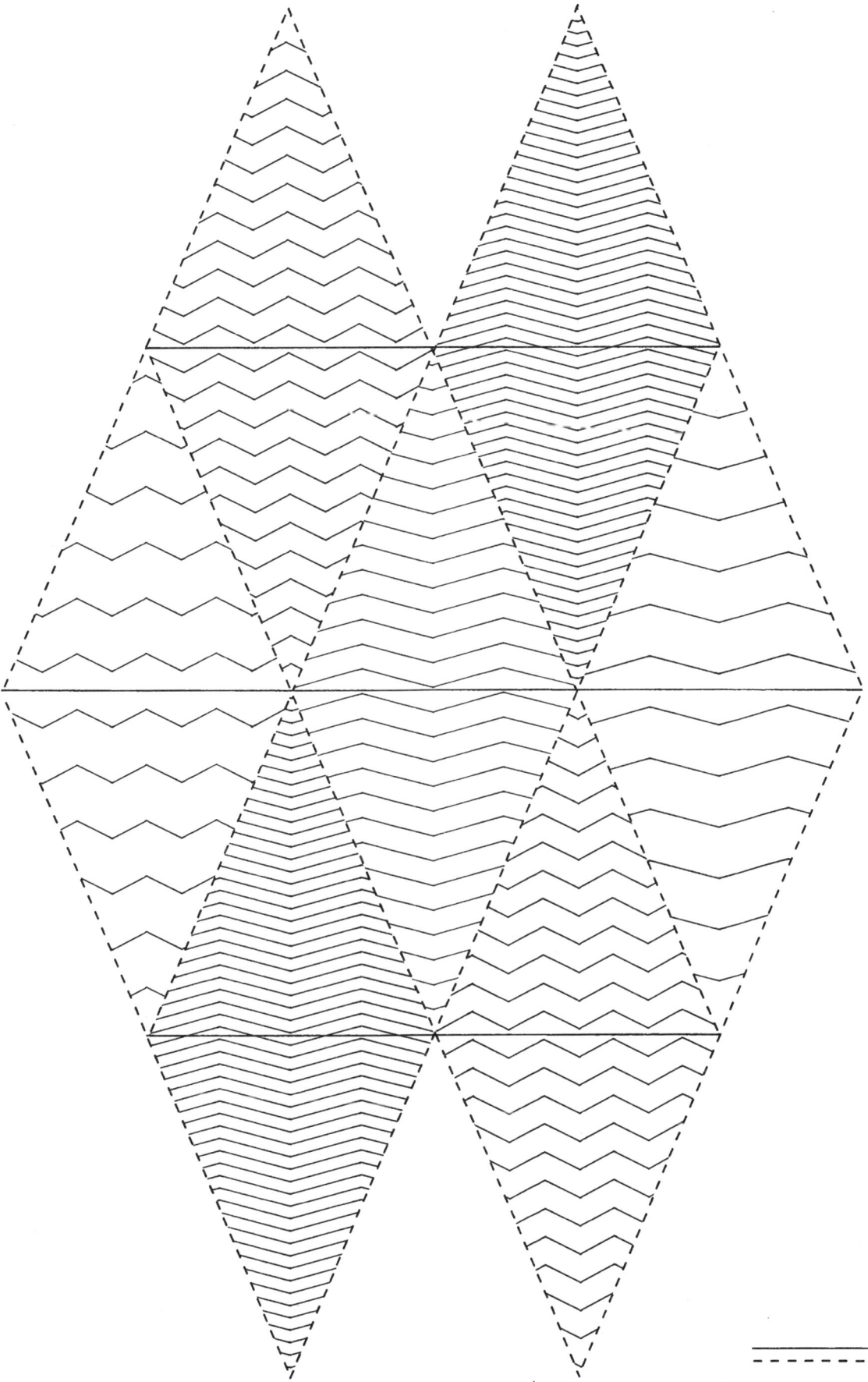

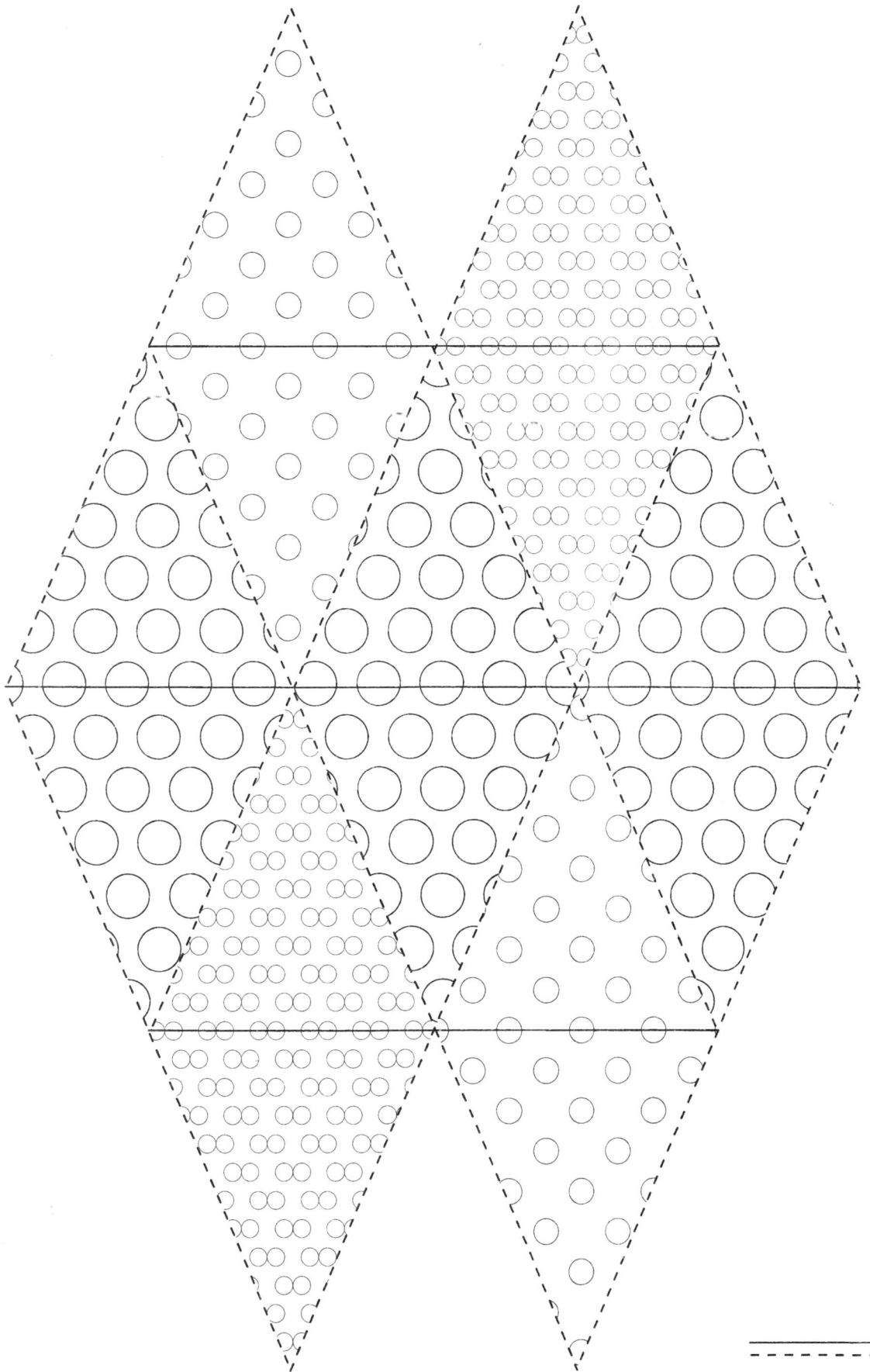

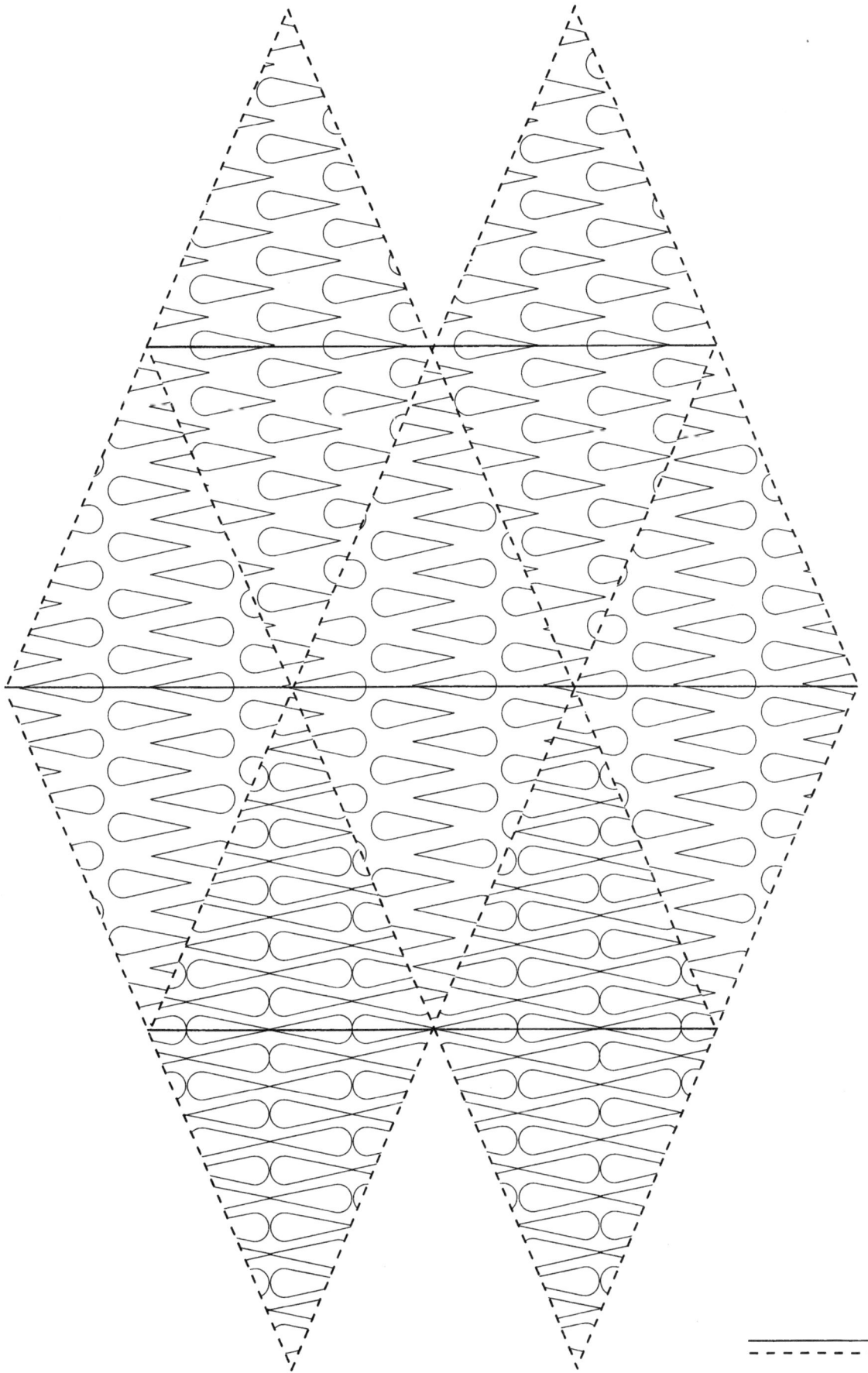

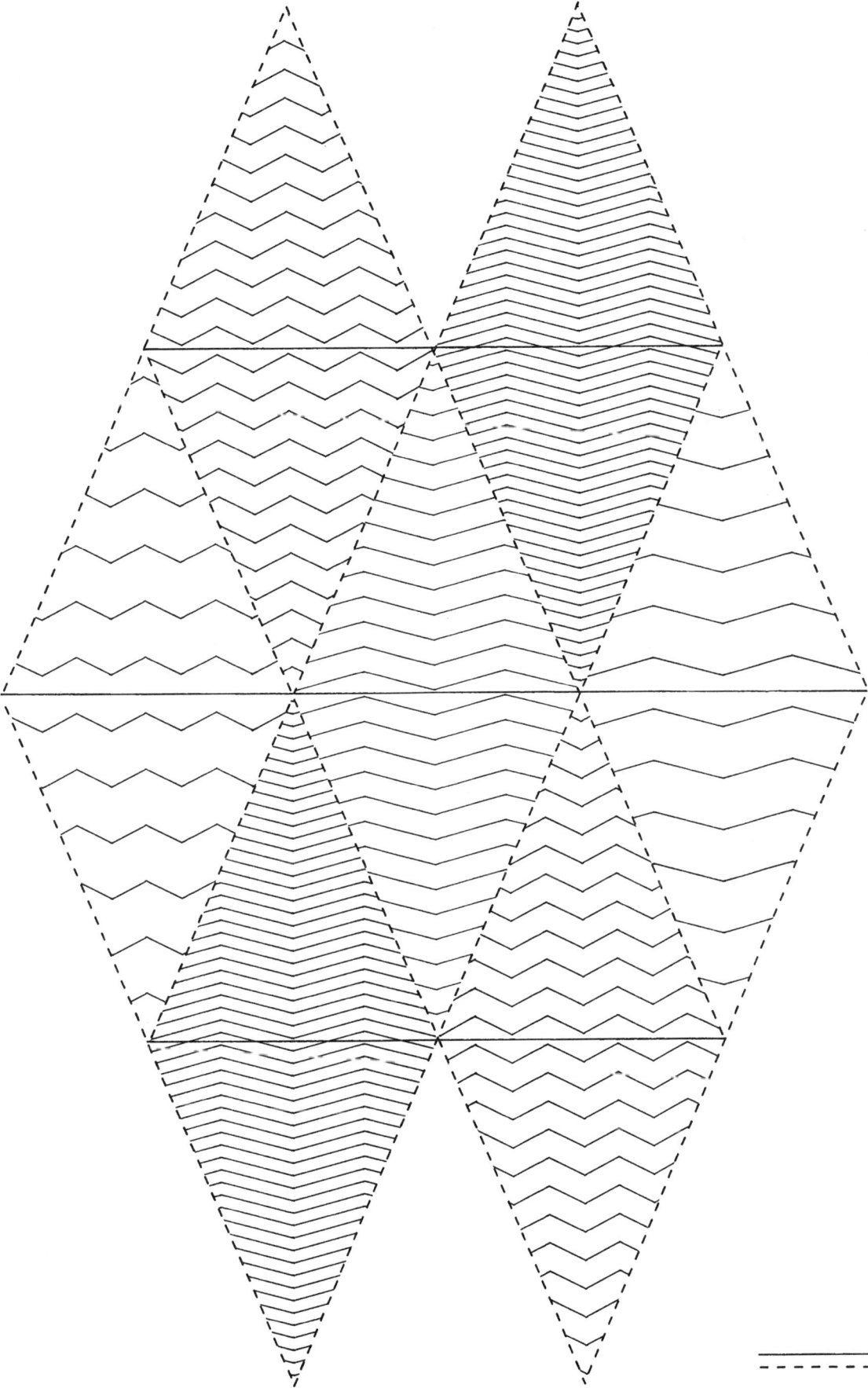

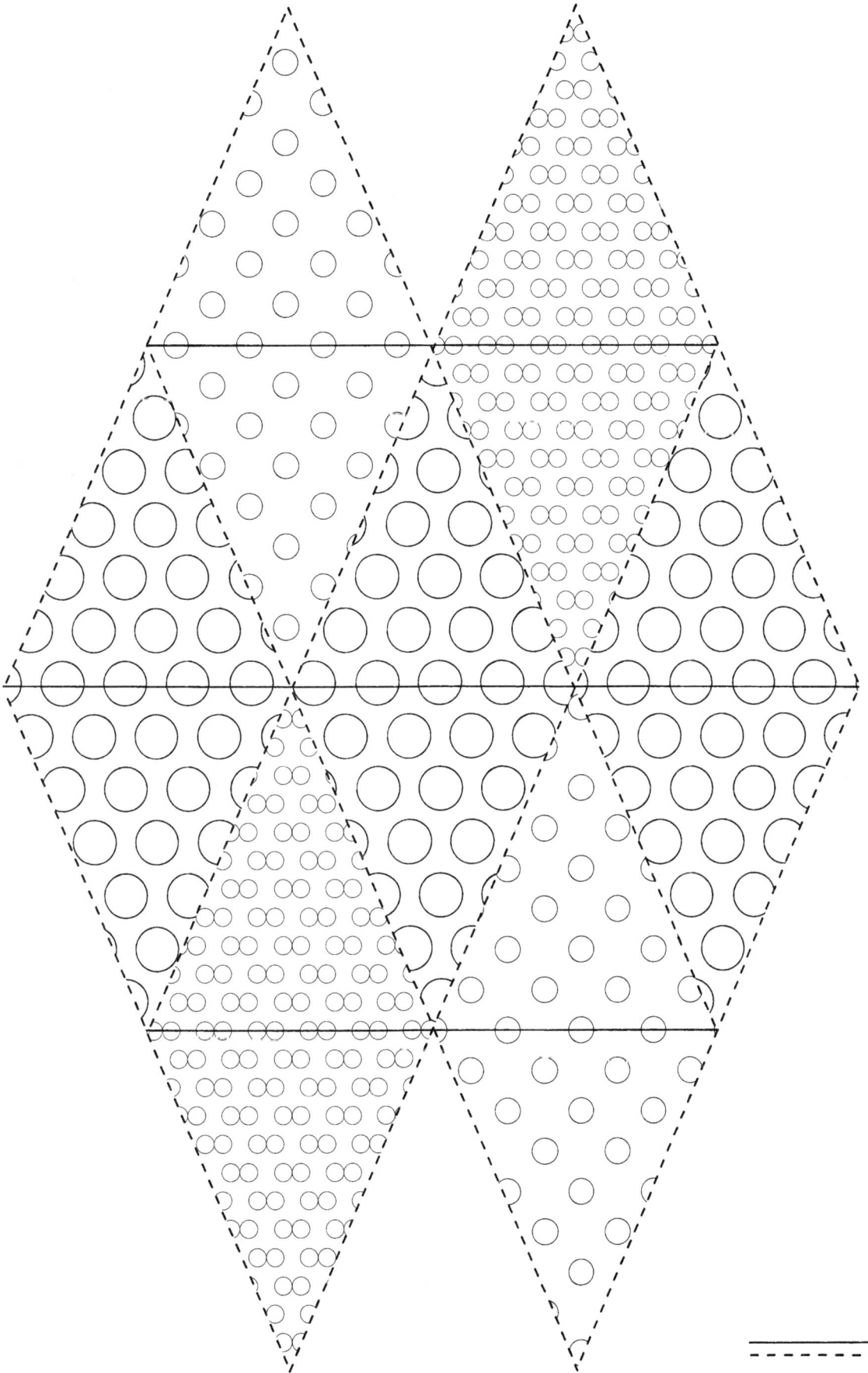

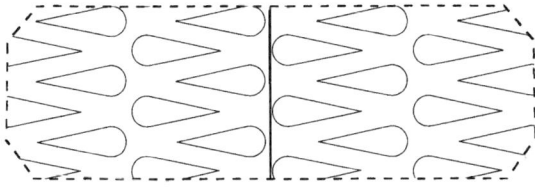

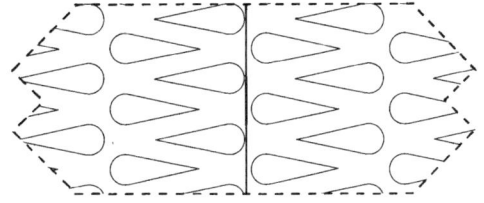

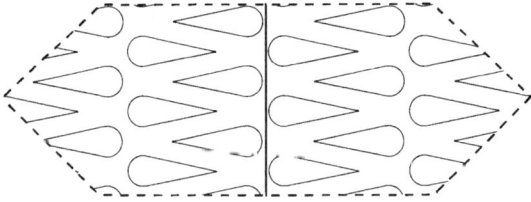

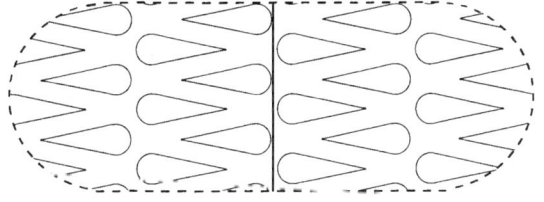

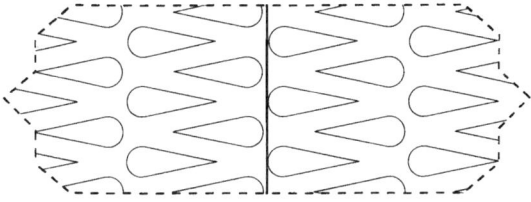

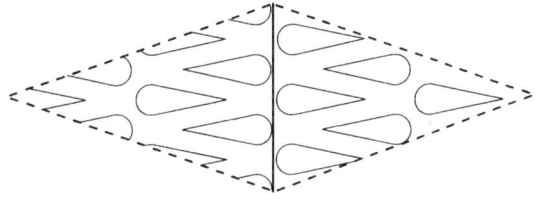

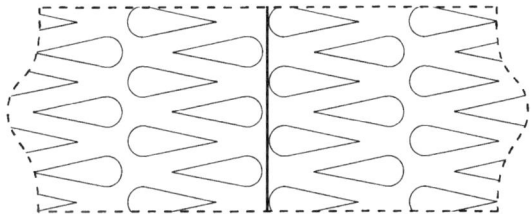

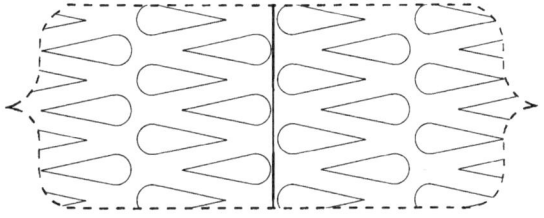

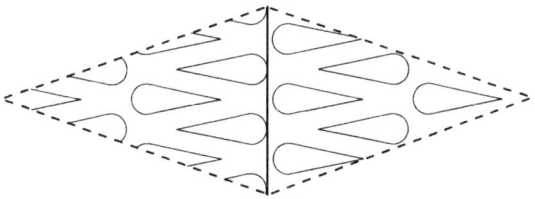

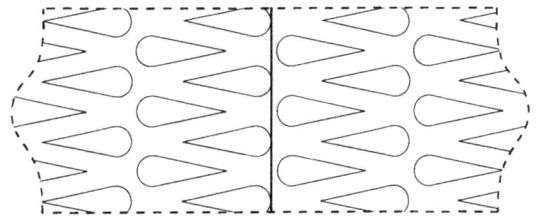

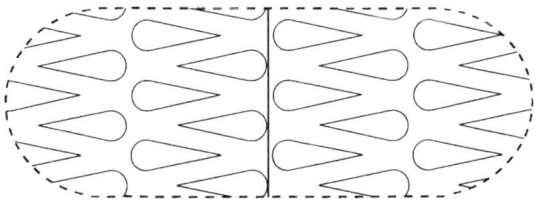

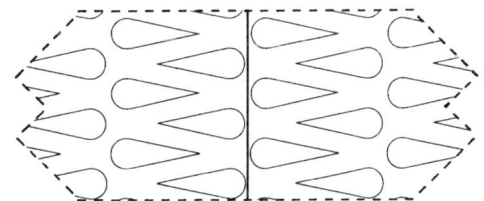

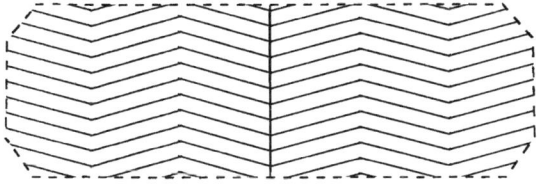

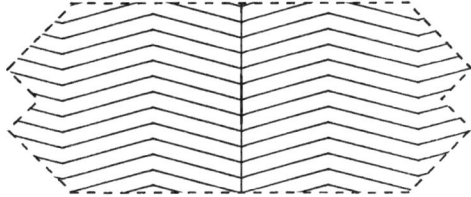

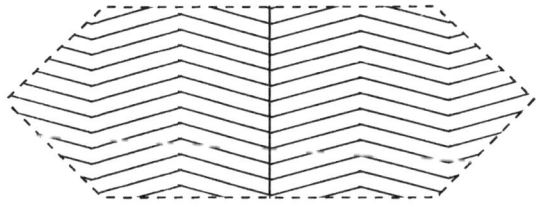

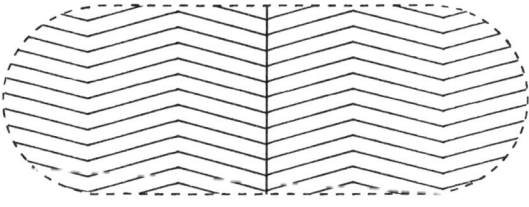

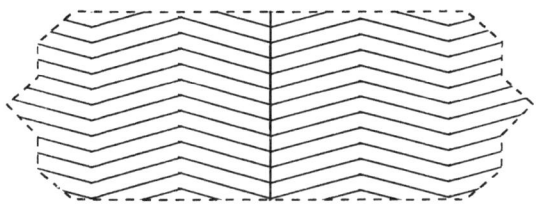

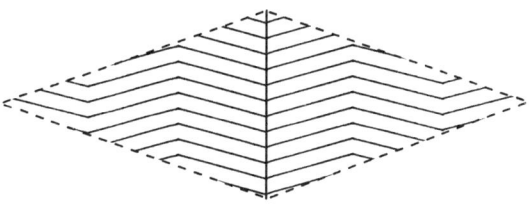

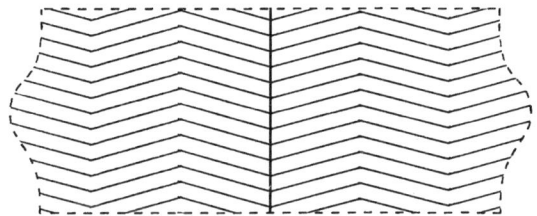

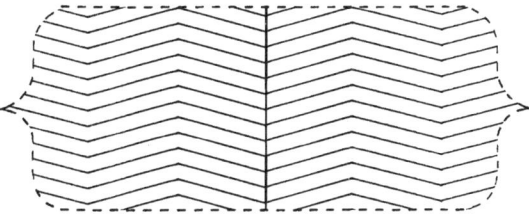

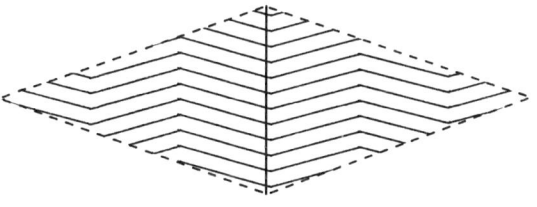

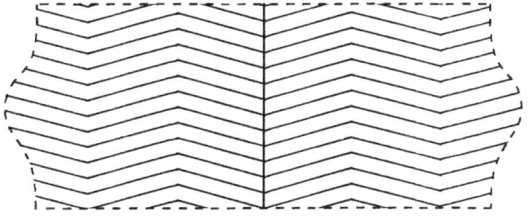

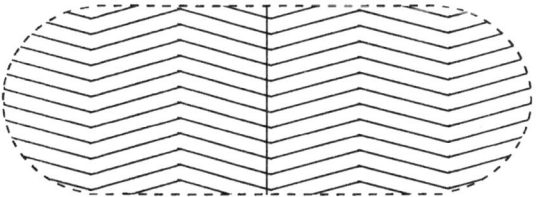

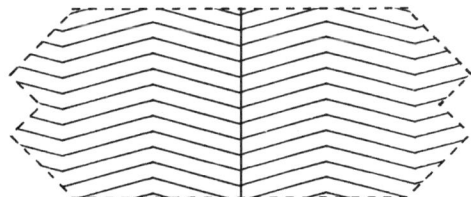

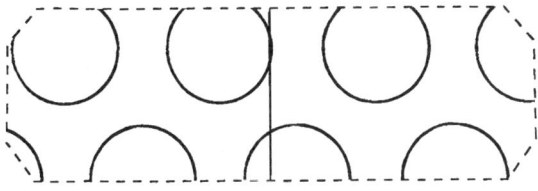

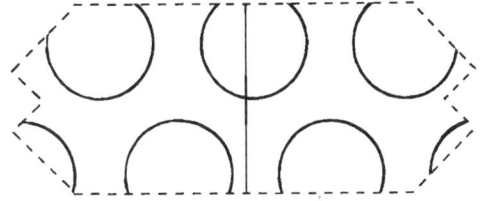

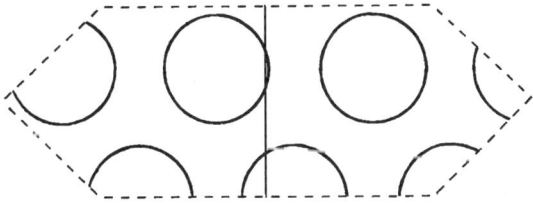

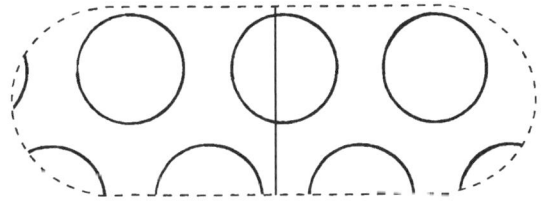

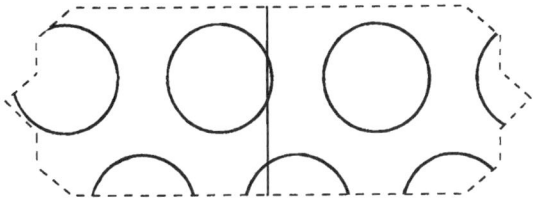

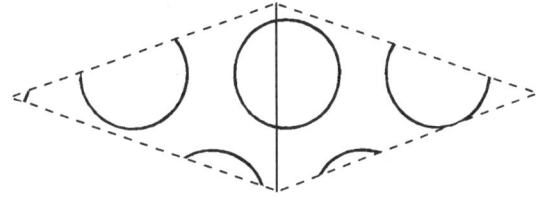

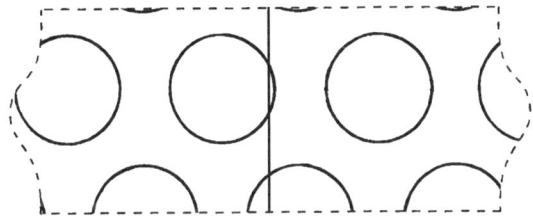

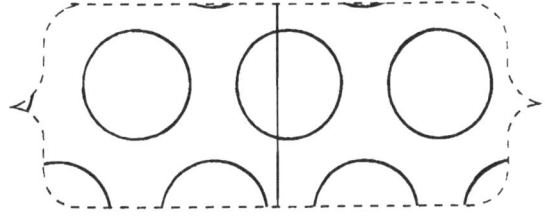

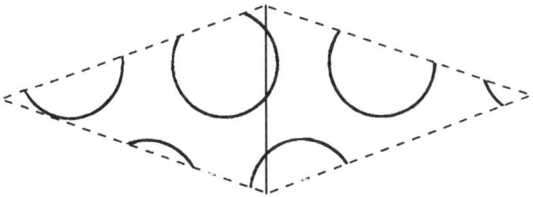

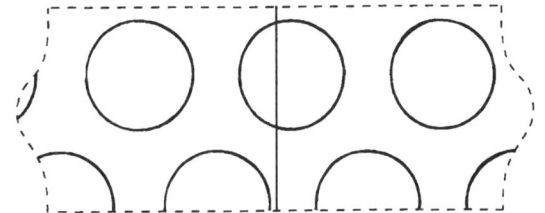

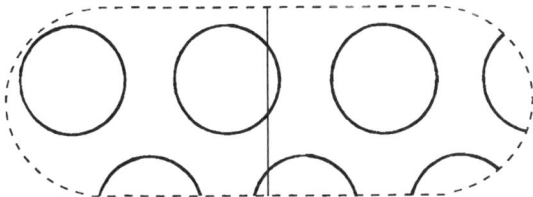

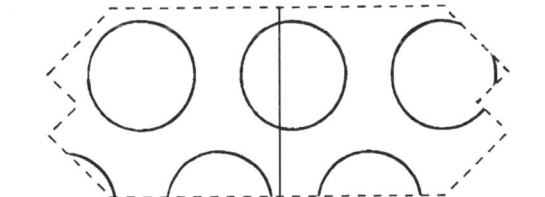

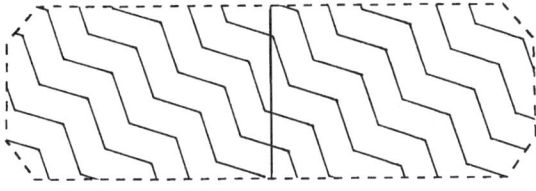

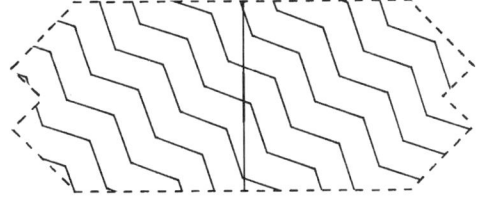

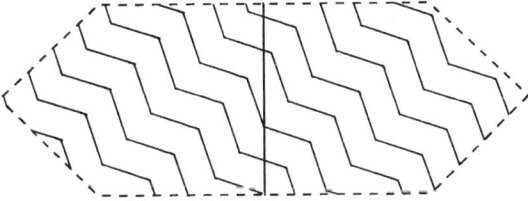

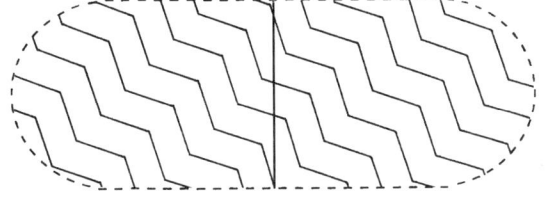

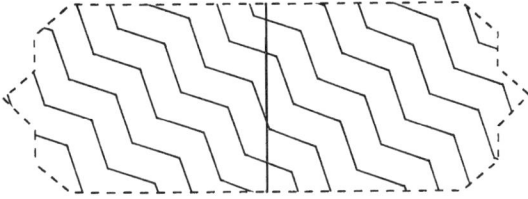

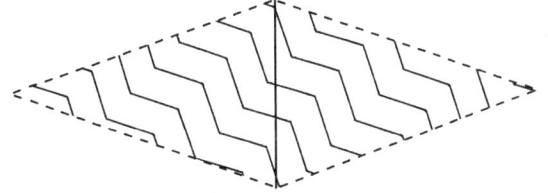

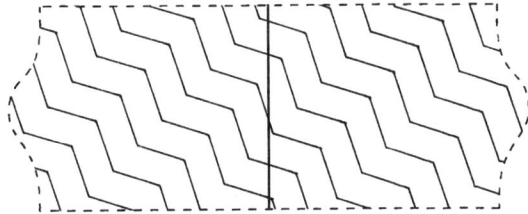

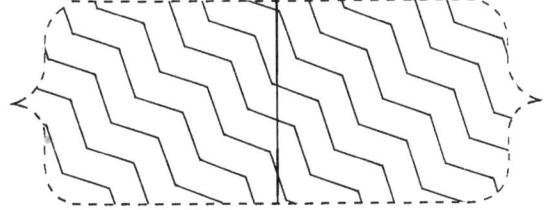

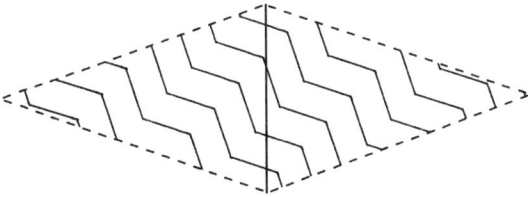

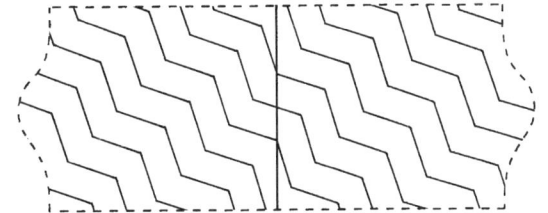

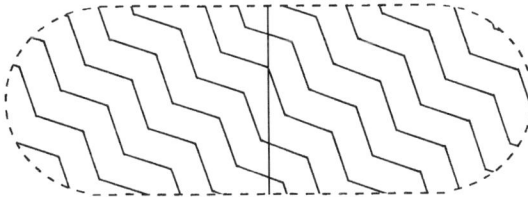

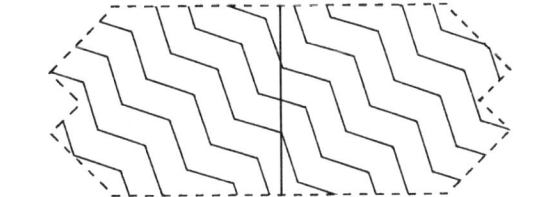

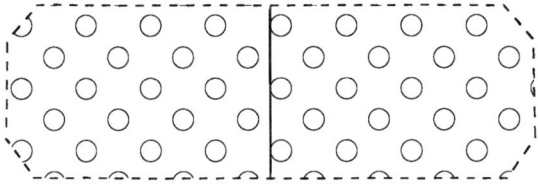

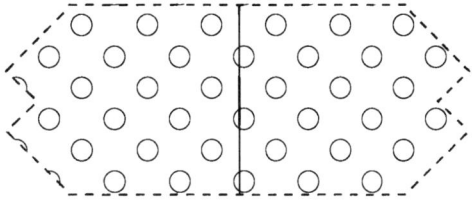

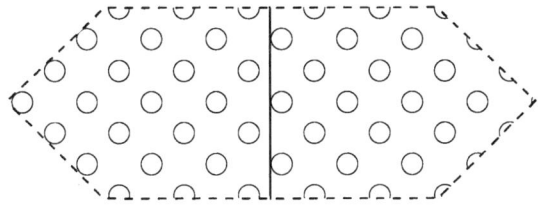

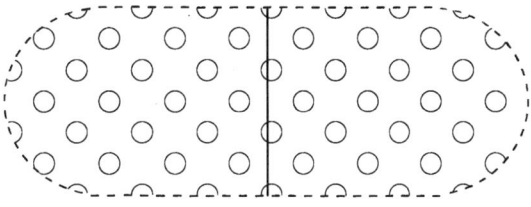

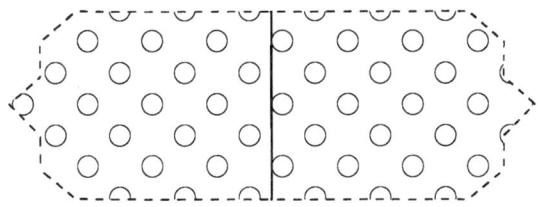

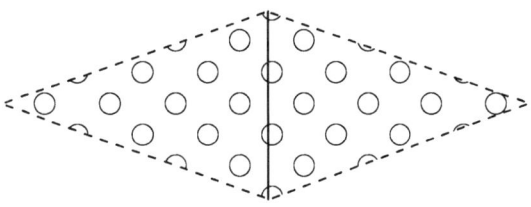

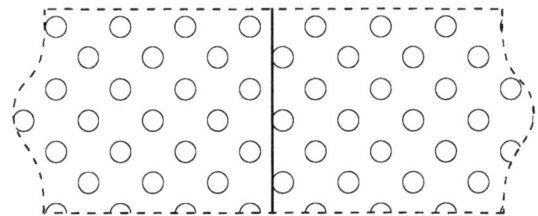

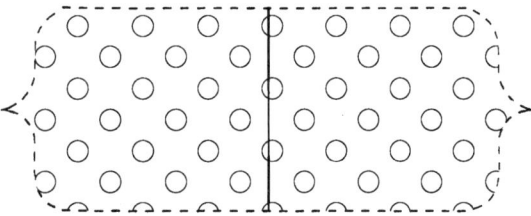

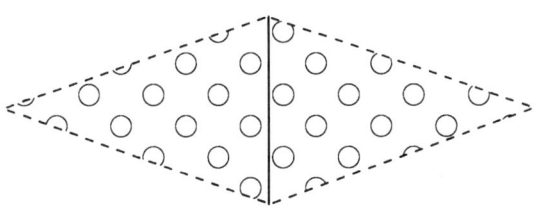

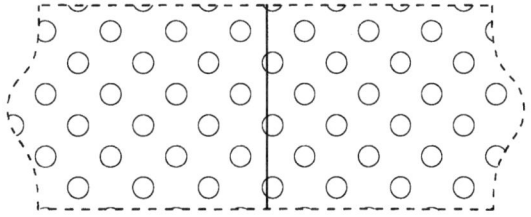

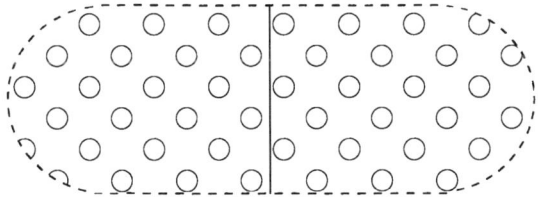

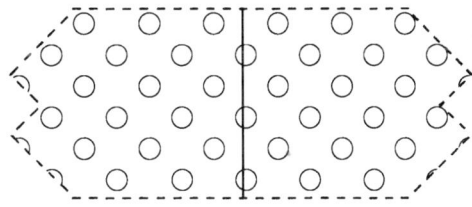

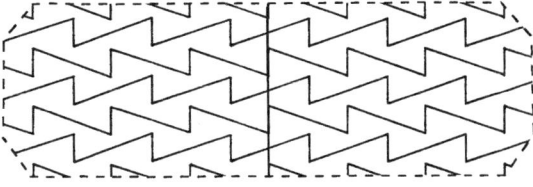

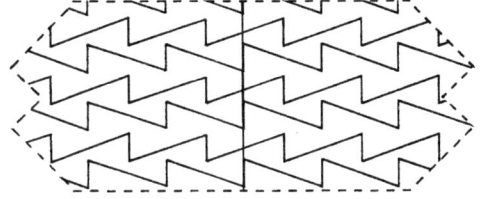

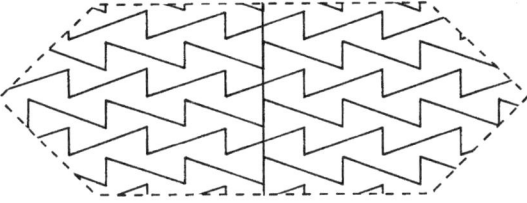

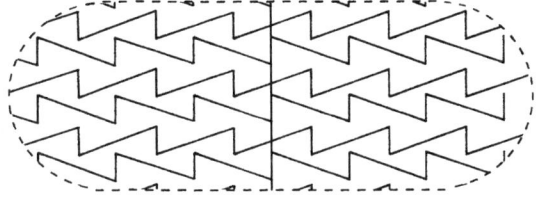

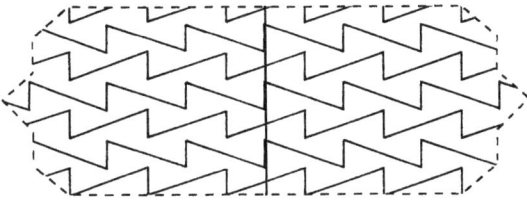

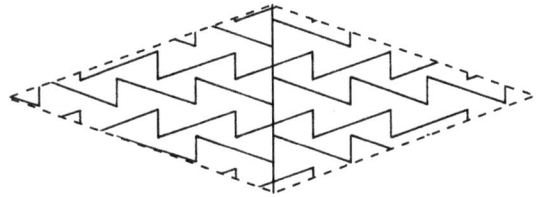

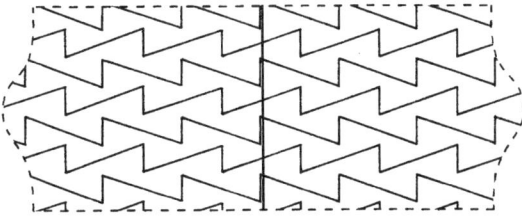

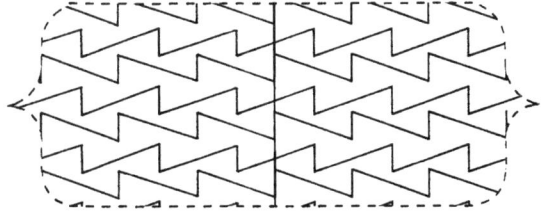

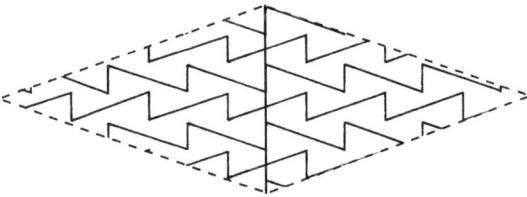

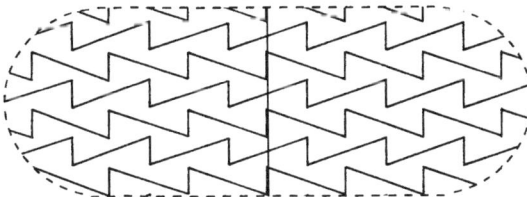

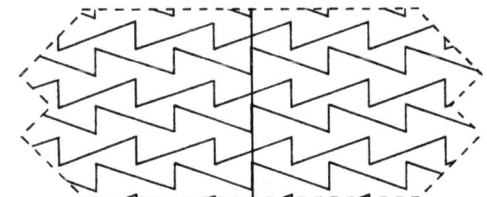

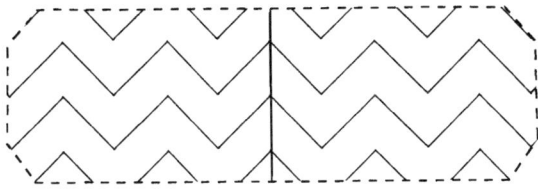

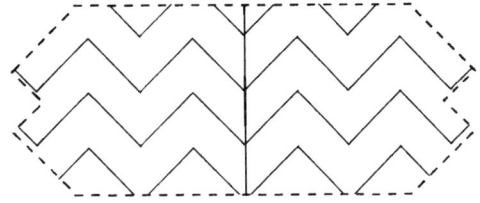

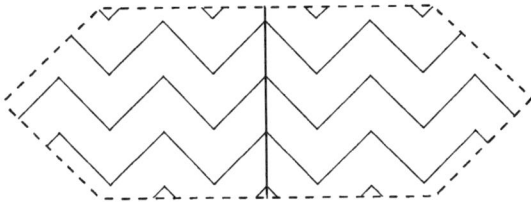

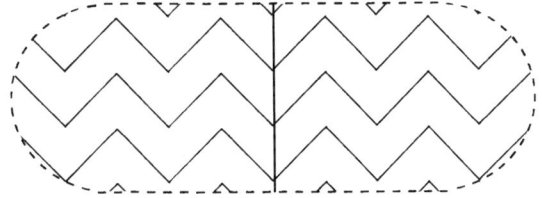

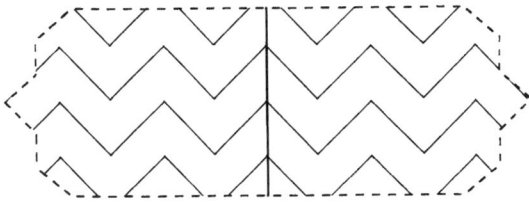

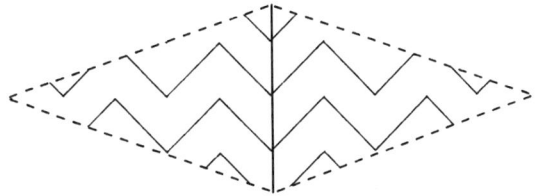

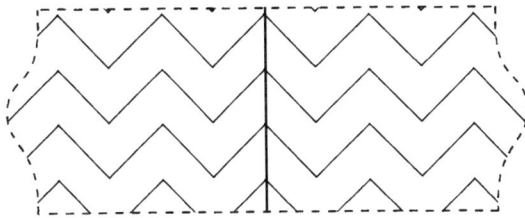

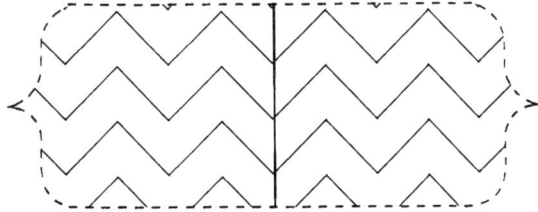

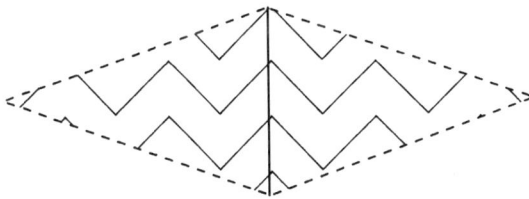

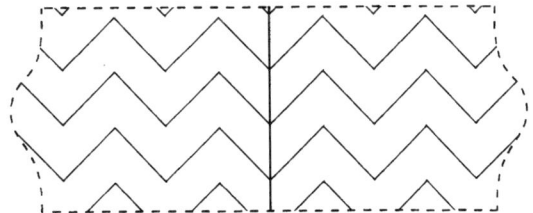

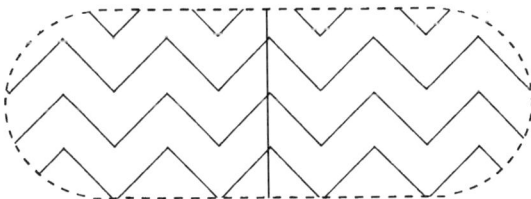

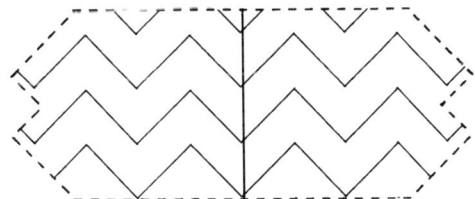

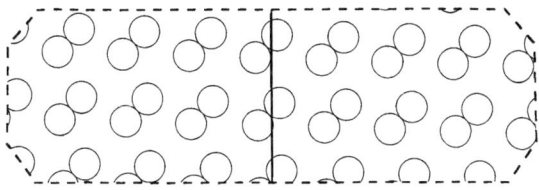

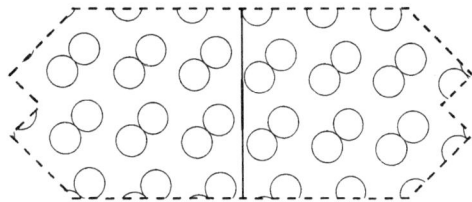

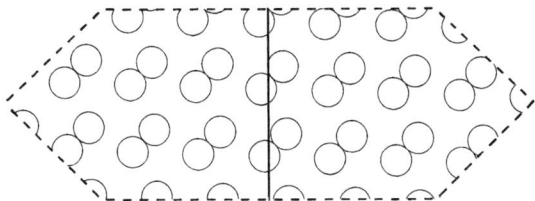

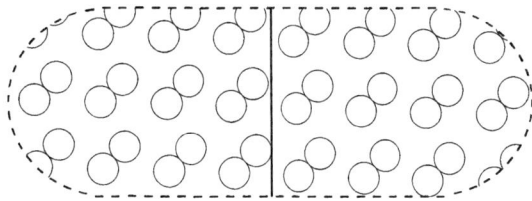

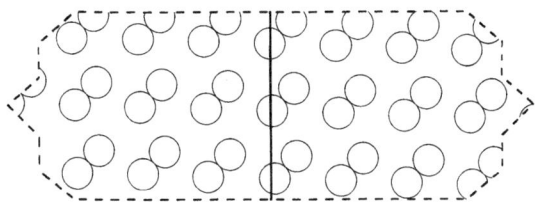

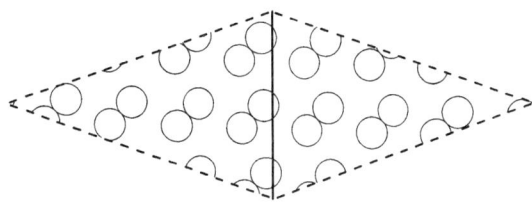

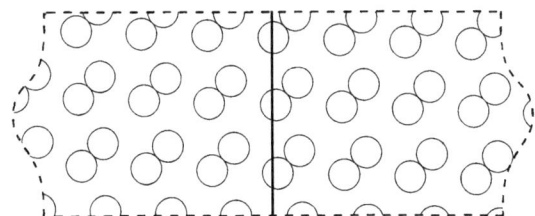

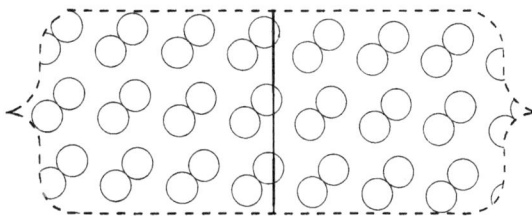

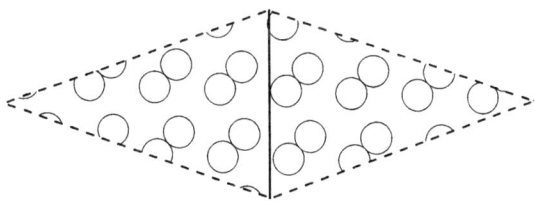

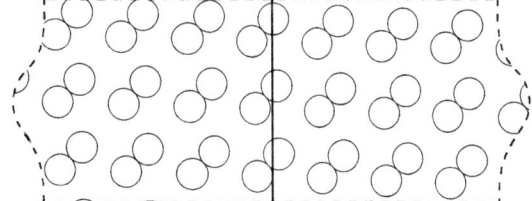

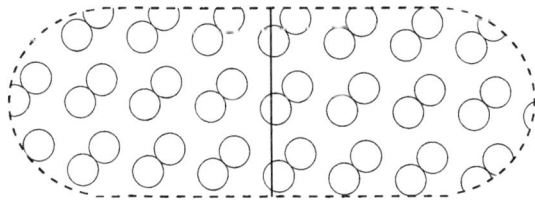

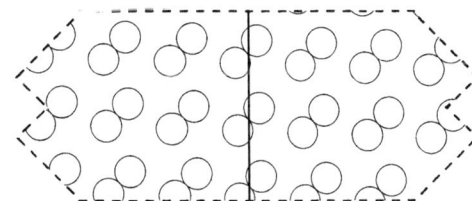